游戏文化经典译丛
李洋 张宇清 主编

游戏中的算法文化

[美] 亚历山大·R. 加洛韦 著 王杉 译

Alexander R. Galloway

Gaming

Essays on Algorithmic Culture

中国国际广播出版社

游戏文化经典译丛

总 序

电子游戏作为数字时代最具代表性的文化现象之一，早已超越了单纯的娱乐功能，逐渐渗透到人类社会生活的方方面面，重塑了人类的感知、交流与行为模式。面对如此庞大的受众群体和深远的社会影响，中国学术界却尚未形成与之相适配的研究范式和理论体系。电子游戏研究在中国的匮乏与滞后，既是技术主义取向长期主导的结果，也是传统人文学科对这个领域的漠视所致。与电影研究在中国学术界的成熟与完善相比，电子游戏研究至今仍处在边缘与替代性的位置，缺乏专业的理论建构和人文学科的介入。如此学术上的缺位，已无法适应电子游戏所带来的深刻文化变迁，迫切需要我们重新审视电子游戏的意义与价值，并积极构建具有历史性和超越性的人文学视野。

电子游戏研究在西方学术界已有 30 余年的历史，其演进脉络清晰可辨。自 20 世纪 90 年代以来，电子游戏研究经历了从游戏本体论探索到游戏化

（gamification）现实等重要阶段。2001年，埃斯本·阿尔塞斯（Espen Aarseth）创办《游戏研究》（*Game Studies*）杂志，标志着电子游戏研究的独立学科地位正式确立。此后，以贡萨拉·弗拉斯卡（Gonzalo Frasca）、杰斯珀·朱尔（Jesper Juul）等学者为代表的"游戏学"（Ludology）学派，强调电子游戏自身的形式特性和交互机制，试图从叙事理论的影响下摆脱出来，建立一种内部研究的形式主义范式。与此同时，珍妮特·穆雷（Janet Murray）、亨利·詹金斯（Henry Jenkins）等学者则从文化理论角度出发，强调电子游戏的叙事维度，提出电子游戏也是一种讲述故事的媒介，"叙事学"（Narratology）与"游戏学"的对立构成了西方电子游戏研究早期的重要理论论证。2015年，伊恩·博格斯特（Ian Bogost）的《游戏研究十五年》（"Game Studies Year Fifteen"）批判了叙事学与游戏学的二元对立，指出二者本质上都是形式主义的变体，提出游戏研究应当更加开放地与社会学、哲学、心理学等其他人文学科展开对话。

事实上，电子游戏并非突然出现的新事物，而是人类悠久的游戏活动传统与现代信息技术相结合的产物。早在古希腊时期，柏拉图和亚里士多德便已指出游戏在模仿、休闲与教育方面的重要性，而德国理性主义美学则进一步将游戏提升为审美活动与人性实现的必要条件。康德与席勒的游戏美学思想，强调游戏是一种自由的审美体验，这种体验超越了感官与道德需求，成为人类实现完整人性的方式。这个冲动与本能的理论假设与 19 世纪晚期卡尔·谷鲁斯（Karl Groos）、赫伯特·斯宾塞（Herbert Spencer）等学者的进化论和心理学结合，形成了带有进化论与等级化色彩的游戏冲动学说。朱光潜先生曾对这一波游戏美学的理论进行了精彩的总结。

游戏理论在 20 世纪逐渐分化为科学与人文两个谱系，以约翰·赫伊津哈（Johan Huizinga）与罗杰·凯卢瓦（Roger Caillois）为代表的人类学谱系，关注游戏作为文化现象的特征与分类。而欧根·芬克（Eugen Fink）、汉斯-格奥尔格·伽达默尔（Hans-Georg Gadamer）和科斯塔斯·阿克塞洛斯（Kostas Axelos）等人的现象学存在论，则将游戏提升到存在论的高度，认为游戏是存在进行自我揭示的超越性场域，是理解人类存在本质的重要途径，因此把游戏的地位提高到艺术之上。此外，被游戏研究所忽视的法国哲学家雅克·亨里约（Jacques Henriot）将游戏的本质归结为一种精神态度，即“玩感”所代表的游戏精神，强调游戏根植于玩家主体对自我的反思与创造性行动。这些理论传统共同奠定了电子游戏研究丰富而厚重的人文学基础。当然，与此同时，以约翰·冯·诺依曼（John von Neumann）、格雷戈里·贝特森（Gregory Bateson）等人为代表的科学系统论谱系，则从规则、计算机语言、程序与机制的角度分析游戏的认知与交流特征。

从人文学与艺术理论的视角来看，电子游戏研究绝不能停留于单纯的技术与机制分析，也应深入哲学、历史、艺术史等人文学科的核心问题之中。电子游戏不仅是一种娱乐方式，更是一种独特的存在显现的场域。它以数字技术为基础，重新定义了主体与客体、真实与虚拟之间的关系，挑战了传统的人文学科范畴与理论框架。例如，从艺术理论的视角出发，电子游戏要求玩家借助动觉（kinaesthesia）而非仅凭视觉或听觉来进行审美体验，这种动觉性的主体参与，与传统艺术的静观式审美完全不同。此外，电子游戏以交互性与程序性为基础，在历史和文化记忆的建构中发挥着重要作用，许多电子游戏不仅再现了历史，更借助游戏机制创造出一种新的历史叙事方式，重塑了我们对历史事件与文化遗产的理解。电子游戏的历史也伴随着社会空间的建构与演化，从社会公共空间里的街机到依托客厅文化的家庭游戏机，电子游戏不断切割和创造人与人之间新的社会关系和场域。电子游戏研究的人文学维度还体现为对伦理问题与主体性问题的深入反思。在人工智能技术高速发展的背景下，电子游戏中的AI角色逐渐展现出类似主体性的特征，这种数字主体性不仅挑战了我们对传统主体观念的认知，也迫使我们重新思考伦理与道德的界限。电子游戏的人文学研究，正是要深入探讨这些由技术变革带来的深刻哲学、历史与伦理议题。从数字人类学的视角审视，电子游戏创造的新型“后人类存在形态”，实质上正在重塑人类的主体性定义，其研究价值亟待从人文学科拓展至数字文明整体框架。

本套“游戏文化经典译丛”正是基于上述的紧迫性与必要性而推出的。译丛精选了西方电子游戏研究领域最具代表性和影响力的经典著作，希望通过翻译介绍这些重要的思想成果，弥补国内电子游戏研究在人文学科视野和理论深度上的不足。我们期望通过这套译丛，不仅能够为国内学界提供丰富的理论资源，引发更深入、更具创造性的学术讨论，更能够推动电子游戏研究从技术主义的狭隘视角走向更加开放的人文学视野，真正实现从历史、哲学、艺术理论等多重维度对电子游戏的全面理解，并期待得到学者和游戏爱好者的支持，推动我们通过电子游戏更深刻地理解技术时代的人类处境，回应数字文化带来的种种挑战与机遇。

李　洋
北京大学艺术学院教授

目 录

前　言

吉尔·德勒兹（Gilles Deleuze）和费利克斯·加塔利（Félix Guattari）在晚年都发觉了哲学的本质，认为哲学是概念的创造。对他们而言，概念总是一种思想的向量，一种旨在将事物从一处移至另一处的认知载体。在本书的五个章节中，我尝试制定一些概念运动、几种概念算法，凭此来思考电子游戏。如果算法不是部分在运动的机器，它又是什么？对这种运动而言，最重要的是其中的艺术性。基于德勒兹和加塔利的思想，我希望我提出的算法概念和二者的思想相似，均能依据特定的问题，将一些偶发的、假设的论点拼凑起来，让其成为诺思洛普·弗莱（Northrop Frye）所称的"彼此关联的思想集合"。

尽管距电子游戏成为大众文化的核心已数十年，但颇让人惊讶的是，鲜有著述尝试对这种媒介形式进行批判式分析。在本书中，我尽量避免将电子游戏的研究归类于其他领域的研究（如文学批评或电影研究），也避免将游戏解构为用于社会学或人类学研究的数据。相反，我尝试探讨弗雷德里克·詹姆逊（Fredric Jameson）所说的“社会形式的诗学”，即电子游戏作为一种正式媒介的美学和政治影响。

因而归根结底，本书不关乎电子游戏，正如从严格意义上讲，詹姆逊的《可见的签名》（*Signatures of the Visible*）不关乎电影。詹姆逊探讨了现代性、信息时代以及在美学和政治现实中生效的算法概念。我希望本书能做类似的探讨。

“别再生产浮夸的理论了。”基尔特·洛文克（Geert Lovink）曾如此感慨，这对电子游戏时代同样适用。电子游戏的一代需摆脱一种思想桎梏，即认为这一切都新颖得令人震惊。抱持这类思想的人生于其他媒介的时代，且仍对数字技术感到不安。但我们不同，我们生于电子游戏时代，并为之着迷。短暂投注的注意力、碎片化的文化、生活的加速，我们需察觉每一隅发生的变化——这在医生看来是神经症的表征，而非病患的生活经历。因而我想强调，本书关乎对电子游戏的热爱，关乎对其艺术性的探索，对其政治潜能及其独特性的发掘。我们抛出的第一个问题就是：你玩电子游戏吗？之后再去进一步了解他们。

致　谢

感谢以下艺术家为本书提供了灵感和帮助：科里·阿肯吉尔（Cory Arcangel）、乔林·布莱斯（Joline Blais）、布罗迪·康登（Brody Condon）、马克·达格特（Mark Daggett）、玛丽·弗拉纳根（Mary Flanagan）、简·盖恩斯（Jane Gaines）、门罗·加洛韦（Munro Galloway）、乔恩·伊波利托（Jon Ippolito）、保罗·约翰逊（Paul Johnson）、斯蒂文·约翰逊（Steven Johnson）、苏珊·莫瑞（Susan Murray）、大卫·帕里斯（David Parisi）、凯蒂·萨伦（Katie Salen）、安妮-玛丽·施莱恩（Anne-Marie Schleiner）、艾多·史坦（Eddo Stern）、尤金·萨克尔（Eugene Thacker）、马克·范·德·瓦利（Mark Van de Walle）和麦肯齐·沃克（McKenzie Wark）。2005 年春季，我在纽约大学的研究生研讨班为本书的雏形提供了宝贵意见。本书写作和探讨的主要是 1999 年到 2005 年间的游戏（以游戏《半条命》和《魔兽世界》为始终）。

第一章　游戏动作的四个时刻

游戏是由规则界定的活动，玩家通常要在游玩（play）[①]中达成某个目标。它具有多元性，既可以天马行空，具有高度的可玩性，也可以被赋予严肃的底色。我们可以单独玩游戏，也可以在社交场合与其他人一起玩。然而，本书并不探讨通常意义上的游戏，内容不涉及抽象的游戏概念，也不关乎具体的、形式各异的传统游戏或电子游戏。本书几乎不涉及游戏设计、游戏性能、想象世界或非线性叙事，也尽量避免对“游玩”这个概念进行深入挖掘。本书起笔和收尾于一种关于大众媒介的讨论，即从20世纪70年代到新千年的电子游戏媒介。我们需经由对电影和电脑的思考展开这次探讨。

电子游戏是受历史和物质约束的文化对象，它包

① play可根据具体的中文语境被译为“玩”“玩耍”“游玩”等，该词是电子游戏研究中重要的本体论术语。在电子游戏中，多数游戏都包含游逛、探险、旅行、漫游等情节，为了不影响读者准确了解作者原意，此处将其译为“游玩”。——译者注

括两个部分，即电子计算设备和在软件中模拟运行的游戏。电子计算设备（后文称“机器”）有多种形式，可以是个人电脑、游戏厅街机、家用游戏机、便携式设备或其他任何形式的电子机器。[①] 机器通常有特定的输入设备（如键盘或手柄）和易于理解的输出界面（如屏幕或其他物理界面），游戏软件在机器的存储器内加载、运行。软件即数据，数据向机器硬件发出指令，机器则通过移动比特（bit）、对数据执行逻辑运算或触发物理设备等一系列操作，在物理层面执行这些指令。总的看来，软件指示机器通过有意义的动作来模拟游戏的规则。游戏的玩家（player）或操作者（operator）[②]

① “电子游戏”（video game）指通过控制装置和显示设备游玩的游戏，因而不包括通过街机、个人电脑和移动设备等进行操作的游戏。我在书内使用此概念来探讨作为整体的电子游戏不免有失准确。但为了简单起见，我使用口语意义上的“电子游戏”来统一指代各种形式的互动式电子游戏。

② 有观点认为使用“玩家”（player）比“操作者”（operator）更贴切，我对此持保留意见。我尽量避免使用“玩家”一词，但并非为了消弭游戏的重要性（这一点在后文明显可见），而是通过使用“操作者”来强调人机交互的机械性、工业性以及其控制论维度，游戏只是其中的一个关键部分。此外，“操作者”（哪怕程度轻微地）将关乎人类游戏玩家的拟人神话祛魅，这在我看来是件好事。在大多数情况下，操作者是有机的人类玩家，但也可以是任何类型的智能游戏主体（如机器人或脚本）。因此，“操作者”一词所具有的中立色彩在书内更加恰当。不喜欢这种表述的读者可以将本章中的“操作者”悉数替换为“玩家”。

同时与软件和硬件进行交互，其通过输入设备发送已编码的信息，并接收由输出设备返回的编码信息。鉴于此，我会用“gaming”（游戏）一词来指代支撑电子游戏运转的整套装置。它是一套体量庞大的文化媒介，囊括了多种有机和无机的机器形式。尽管游戏媒介已被嵌入了新千年的社会信息系统，它在未来一段时间内仍具有重要的价值与可能。

如果摄影是图像，电影是运动的图像，那么电子游戏就是动作。我们不妨将这作为电子游戏理论的首个概念。若无动作的介入，游戏恐怕只是书页上抽象的概念；若无操作者与机器的能动参与，电子游戏也只能以静态计算机代码的形式存在。只有接通机器电源并运行软件，电子游戏才能出现，它因动作而存在。

电子游戏就是动作（actions）。我们不妨来考量电子游戏与其他媒介在形式上的差异：摄影师用相机抓取（take）图像，演员在电影镜头前表演（acts）。这些行为发生于作品完成之前或制作过程之中，作品最终以客观物（如印刷物）的形式呈现（assumes）。但对电子游戏而言，作品自身就是物质动作。操作者玩着游戏，软件运行着（runs）。操作者与机器步步为营，一齐推动电子游戏的运转。在这一前提下，游戏“作品”（work）并不似其他媒介作品那般稳固或完整。我们不妨来思考照相机与操纵杆、图像与动作或观看与实践之间的区别。吉尔·德勒兹在其对电影的探讨中，使用“动作—影像”（action-image）来描述电影对动作或力的表达。在电子游戏中，动作—影像得以幸存，但并不作为影像再现的历史或形式的实例，而是作为一种崭新的媒介之根基。埃斯本·阿尔萨斯（Espen Aarseth）认为："游戏既是对象又是过程，它们不能被当作文本阅读，也不能被当作音乐倾听，它们必须被玩起来。"[①] 因此，若想理解电子游戏，我们需关注动作的诸变体和强度，以揭示游戏中的动作如何存在。

我们不能简单地使用“互动性”（interactivity）或媒介的“主动受众”（active audience）理论[②] 来阐释游戏行为。对此，我更倾向于使用根植于控制论和信

① Espen Aarseth，“Computer Game Studies，Year One，” *Game Studies* 1，no.1（July 2001）. 阿尔萨斯使用“遍历性”（ergodic）来描述媒介中的动作。参见Aarseth，*Cybertext: Perspectives on Ergodic Literature*（Baltimore：Johns Hopkins University Press，1997）。

② 主动受众理论认为，受众总是能对作品产生自己的阐释和接受。——译者注

息技术的主动媒介（active medium）理论。主动媒介理论认为，媒介的物质性在不断运动并重构媒介自身，比如像素的点亮与熄灭，比特（bits）在硬件存储器中的移动，以及磁盘的加速或减速旋转。为避免使读者产生困惑，我在探讨电子游戏时会规避“互动”（interactive）一词，并将电子游戏称为基于动作（action-based）的媒介，就像计算机。①

正因如此，大众文化领域在一段长时间的沉寂之后，破天荒地发生了一场有趣的剧变。过去由眼睛和

① 我向来不喜欢“互动性”一词。对此，列夫·马诺维奇（Lev Manovich）曾指出：“我发现这个概念太宽泛了，没有真正的用处。”由于该概念过于空泛，马诺维奇并未将其作为新媒体的核心原则。他认为，大多数所谓的旧媒体同样存在互动性：“所有古典的，甚至更现代的艺术在很多方面都具有‘互动性’。文学叙事中的省略、视觉艺术中物体的缺失细节以及其他的再现‘策略’都需观看者填补缺失的信息。”参见Manovich，*The Language of New Media*（Cambridge：MIT Press，2001），55-56。这种观点与安伯托·艾柯（Umberto Eco）所称的“懒惰机器”（lazy machine）遥相呼应：“毕竟，每篇文章都是一台懒惰机器，要求读者去做本该属于机器自己的工作。”参见Eco，*Six Walks in the Fictional Woods*（Cambridge：Harvard University Press，1995），3。然而我认为，传统“文本”不是机器，至少不是计算机那样的机器。我因此区分了两种艺术形式，一种形式的存在需同时依托于读者和作品的身体动作，另一种则无需此类动作。当然，这种区分在很大程度上是战略性的，旨在于先锋派和艺术曲折中反复探寻其美学空间，以提升特定新型媒介的重要性。

视觉主导的领域，现在更可能属于肌肉、动作和拇指（thumbs），而过去被界定为阅读的行为，现在则是动作的行为，或仅仅是“动作”本身。换言之，当电影、文学、电视等大众媒介继续围绕再现、文本性和主观性进行辩论时，一种新型媒介在近年悄然出现。计算机（尤其是电子游戏）的基础不是观看或阅读，而是经由动作催生的物质变化。谈及这场变革，我需借用批判艺术小组（Critical Art Ensemble）论及电脑黑客时的表述：这场剧变的不寻常在于，当下其中最重要的文化主体是儿童。

我们玩电子游戏时调动着自己的身体、手、眼与嘴，机器同样介入其中。机器不仅为操作者的动作提供反馈，也独立于其动作。菲利普·阿格雷（Philip Agre）用“动作语法”（grammars of action）描述人类活动通过语言和结构的隐喻被机器编码和解码的过程。[①] 电子游戏创造了自己的动作语法，游戏的操控设备则为人类提供了关乎身体的语汇，使其通过手部动作演绎身体姿势的文法。但在使用操控设备之外，游

① 参见Philip Agre，“Surveillance and Capture,” in *The New Media Reader*，ed. Noah Wardrip-Fruin and Nick Montfort（Cambridge：MIT Press，2003）。

戏也通过“游玩”的过程生产自己的动作语法。这类语法是编码的一部分，它在软件内向多个主体传递信息。此外，它也具有阐释更高阶行为的能力，即操作者在游戏中常见的角色增强（power-ups）或网络延迟。

我们首先可以划分电子游戏中两种基本的动作类型，即机器动作和操作者动作。二者的区别在于，机器动作由设备硬件和游戏软件共同建构，但操作者动作仅由操作者执行。因此，在游戏《银河战士Prime》（*Metroid Prime*）中获胜属于操作者动作，但输掉却是一种机器动作。同样，在《超级马力欧兄弟》（*Super Mario Bros.*）中定位能量补给块需调动操作者动作，但真正提升角色体能的能量补给行为却是机器动作。

当然，这完全是人为的划分。机器和操作者实际上在以控制论的关系协同工作，一起建构着电子游戏内部的诸多动作。可以说，两种动作在本体论层面是相同的。但事实上，即使我们通常出于研究目的来区分这两种动作，它们在大多数游戏中却作为统一或单一的现象（unified，single phenomenon）存在。本书不认为某种类型的动作优于另一类（媒介研究经常做此区分），在电子游戏中，机器动作与操作者动作同等重要。

但可能有人疑惑，由“操作者”和“机器”所玩的游戏乐趣何在。事实上，电子游戏可以极富趣味性，使参与者沉浸其中并为之着迷。电子游戏吸引操作者对其投入大量时间，这在其他的大众媒介中鲜有发生。对大多数游戏来说，操作者对其投入的总时长在60小时到80小时不等，但《模拟人生Online》（*Sims Online*）或《魔兽世界》（*World of Warcraft*）等游戏的投入时长却远超这一阈值。电子游戏不仅是一件有趣的玩具，也是一台算法机器。它就像所有机器一样，通过特定的、编码的操作规则发挥其功能，玩家或“操作者”是必须与这台机器发生交互的主体。在现今时代，电子游戏不仅意味着一隅乐趣之地，同时也作为一处工作场地。我使用“操作者”和“机器”的指称并不意在摧毁游玩的趣味及意义，而是为了强调：在电子媒介领域，游戏本质上是一套控制论软件系统，其中同时包含有机和非有机的行动者（actors）。

正如德国著名媒介理论家弗里德里希·基特勒（Friedrich Kittler）指出，代码（code）是唯一言行一致的语言。它不仅是句法和语义意义上的语言，也是一种机器语言。在机器运行时，代码随之运动。代码的运动切实产生着一系列物理变化：逻辑门（logic gate）打开与关闭，电子符串流动，显示设备开始发光，输入和存储设备在物理与数字之间完成质的转化。的确，电子游戏是游戏，但更是一套软件系统，这对相关的研究者来说十分关键。因此，尽管我们将电子游戏《毒品战争》(*Dope Wars*)界定为“游戏”，但它和传统游戏(如棋类、轮盘或台球)的共性寥寥，反而更接近金融软件*Quicken*。因此，本书将从信息软件和算法文化对象的视角逐一展开。

我们通常将游戏动作(gamic action)描述为发生在独立或半自治空间、脱离日常生活的活动。法国社会学家兼人类学家罗歇·凯卢瓦(Roger Caillois)认为，游戏就是一种“假装”(make-believe)，它们“伴生于操作者对第二现实或非现实的特殊认知，与现实生活相悖”。[1] 荷兰文化历史学家约翰·赫伊津哈(Johan Huizinga)认同这一界定，认为游戏“极为有意地在‘日常’生活之外”发生。[2]

因此，我在对机器和操作者动作进行划分之外，同样提出了第二组区分：电子游戏中存在两种动作，即故事空间(diegetic space)的动作和故事外

① Roger Caillois, *Man, Play and Games*, trans. Meyer Barash (New York: Schocken Books, 1979), 10.

② Johan Huizinga, *Homo Ludens: A Study of the Play-Element in Culture* (Boston: Beacon, 1950), 13.

空间（nondiegetic space）的动作。对此，我借用了文学和电影理论中的"故事中"（diegetic）和"故事外"（nondiegetic）的概念[①]，其所指在跨媒介的转译中无疑有所差别。[②] 电子游戏的故事（diegesis）指涉着游戏叙事动作的整个世界。和电影一样，电子游戏的故事空间同时囊括屏幕之内和之外的要素，它包括屏幕所示

---

① 在叙事学中，"diegesis"及其相关概念之于亚历山大·加洛韦对游戏动作的分类至关重要。该词在叙事学中可根据不同语境，被翻译为"故事"（区别于相对宽泛的story）、"叙事"等，也有译者将其译为"叙境"。本书选择相对常用的"故事""故事中""故事外""超故事"等词，强调动作与游戏内容之间相对的空间关系。——译者注

② 热拉尔·热奈特（Gérard Genette）使用"超故事"［extradiegetic，而非"故事外"（nondiegetic）］来指代叙事所阐释的事件，而非实际的叙事行为："叙事所阐述的全部事件都位于叙事层面，直接凌驾于故事的行为本身。德·勒农古尔先生（M. de Renoncourt）对虚构的《回忆录》（*Mémoires*）的写作是在第一层面上进行的（文学）行为，我们称之为'超故事的'（extradiegetic）；《回忆录》讲述的事件［包括德·格里约（Des Grieux）的叙事行为］都位于叙事的第一层面，我们因而将它们称为'故事的'（diegetic）或'故事内的'（intradiegetic）。"参见Genette，*Narrative Discourse: An Essay in Method*（Ithaca，N.Y.：Cornell University Press，1980），228。但游戏研究中的叙事颇具争议：叙事学家认为电子游戏只是互动叙事，而游戏学家认为游戏的概念必须与叙事的概念分开定义。我认同游戏学家的观点，不过我发现，尽管叙事学与非叙事学的二分植根于叙事理论，但为了使我们更有效地分析叙事如何融入游戏，其有助于我们理解不同类型的游戏动作。参见Katie Salen and Eric Zimmerman，chapter 26 of *Rules of Play*（Cambridge：MIT Press，2004），377-419。

的角色和事件，也指向那些基于游戏语境被假设和推演出的信息。尽管有些游戏并不具备详尽的故事，却都具有基本的游戏场景或情境（凯卢瓦所称的“第二现实”），并以此作为游戏的故事。在《乓》（*PONG*）中，游戏的场景是一张桌子、一只球和两个球拍；在《魔兽世界》中，游戏发生的情境则是跨海相望的两个大洲。游戏的“故事外”要素与此相对，它内在于游戏装置，却外在于由“故事中”的动作构建的游戏世界。在电影理论中，“故事外”指向着一系列形式化的技术，它们从属于整套电影装置，却外在于电影的故事世界，比如电影的配乐或节段标题。我希望能通过使用“故事外”一词，激活电子游戏在故事外部的领域。其中，游戏要素从属于整套游戏装置，却外在于角色和故事存在的虚拟世界。可以确定的是，游戏的故事外要素通常和玩游戏的动作紧密相关，因而“故事外”并不意味着“不可玩”（nongamic）。游戏的故事外要素时而被深深嵌入游戏世界，时而也被完全排除在外。比如，《杀出重围》（*Deus Ex*）中的平视显示器（HUD）是故事外的，但游戏时所见的各个房间和整体环境却是故事中的。在《机器人战争》（*Berzerk*）中，操作者按下开始键是一种故事外的动作，但射击机器人却是故事中的动作。同样，在《江湖本色》（*Max Payne*）中，启动暂停按钮是故事外的动作，在枪战中触发慢动作效果却是故事中的动作。很明显，故事外要素在游戏中比在电影或文学中更常见，这个概念对我的研究同样更加重要。事实上，我发现使用“故事”概念的根本缘由并非为了将游戏抽象为叙事文本。恰恰相反，这是由于故事外要素在电子游戏中至关重要，我们即使在负面发行（negative issuance）时也无法规避这个概念。在大多数情况下，制作精良的游戏为追求平滑、连贯的游戏过程，会尽力将故事中和故事外动作无缝融合，因此，我们很难在电子游戏中区分这两种动作。

若将两组要素（机器和操作者、故事中与故事外）想象为两条正交轴线，二者构成的象限可被视为“游戏动作”理论的宏观范畴，这是一次界定该理论的尝试。[①] 我希望能利用本书的部分篇幅探讨电子游戏的整套媒介系统。在这个理论模型中，在游戏外按下

---

① 我在此做出的区分与尼克·蒙特福特（Nick Montfort）在分析互动小说时所做的区分相似。他探讨的“命令”（commands）是我所称的故事中的操作者动作；“指令”（directives）是我所称的故事外的操作者动作；“回应”（replies）是故事中的机器动作；“报告”（reports）是故事外的机器动作。参见Montfort，*Twisty Little Passages: An Approach to Interactive Fiction*（Cambridge：MIT Press，2003），25-28。

暂停键和在游戏中用武器射击同样重要；在游戏中作弊和使用策略通关同样重要，但其他的理论模型可能会忽视这两类动作的共性。由上述两条轴线划定的四个象限为本章内容提供了理论架构。因此，我在此提出游戏动作的四个时刻，每个时刻都揭示着电子游戏在不同视角下的形式特质。

纯过程

两轴线构成的第一象限是机械门（machinic phylum）和纯物质（pure matter）的生命能力。以铃木裕（Yu Suzuki）的游戏《莎木》（*Shenmue*）为例，操作者玩游戏的方式是参与游戏的过程。就算我们将游戏内的一切消除，其中也还剩下动作，呈现着微微激荡的生活韵律。《莎木》使日常生活中的平实得以凸显，就像小津安二郎（Yasujiro Ozu）的电影，时间体验在其中至关重要。游戏中不断重复着部分动作和对话（“那天，雪变成了雨。”人物复述着）。每一步都在缓慢而刻意地引出下一步，经验在缓慢而有意地积累。

当《莎木》一类的游戏被搁置不玩时，它们往往会陷入一种平衡时刻。这种状态与磁带的循环或黑胶唱片的跳针（skipped groove）不同，它是一种休憩状态。游戏（中的角色）缓缓移动到应处的位置，从一处移至另一处，再缓缓返回中心。游戏在奔跑，也或许在游玩自身。游戏自身处于一种氛围状态（ambient state），进行着氛围动作（ambience act）。事实上，并非所有游戏都拥有这类动作，但如果它们拥有，就可以凭借氛围动作永久存在。这类游戏的环境中不存在能对角色造成干扰的因素（stimulus）。《侠盗猎车手Ⅲ》（*Grand Theft Auto III*）中角色的默认状态就是进行氛围动作；同样，如果操作者在《最终幻想X》（*Final Fantasy X*）中暂停游戏，那几乎所有的游戏时刻都可以瞬间回返为氛围动作。尽管《莎木》中的钟表在不断提示时间的流逝，游戏却仍可以向氛围状态还原。当游戏陷入氛围状态时，事物在继续发生变化，但不会产生任何重要的变化。计时器不会停止运转，也不会产生分数的损耗。但如果游戏时间的流逝产生了意义，游戏就不再处于氛围状态。雨滴唰唰，太阳下沉后升起，树随风摇动，这些行为在游戏内永恒地发生，构成生动的“活动绘画”（tableau）。氛围动作存在细微的运动，因而和游戏的暂停状态有所差别，这些细微变化就像德勒兹“情感—影像”中小而可见的运动。它们的存在表示游戏仍在进行，但并无真正的游玩动作发生。游戏存在，但游玩缺席。这些细微动作或是呈现为机械化动作的“伪随机”重复，或是以不同的周期有序地循环往复，从而丰富氛围动作的复杂性。操作者虽离开了键盘（或其他控制设备），机器却仍在进行氛围动作。操作者返回，通过控制设备重新介入游戏后，游玩的动作才再次开始。氛围动作是机器的动作，指向的是操作者悬置但机器仍在持续运行的状态。从这个意义上说，氛围动作与按下暂停键相反。当操作者将机器暂停，进行短暂的休憩时，操作者也将自己在氛围动作中暂停，使机器悬停于一种“纯过程”状态。

氛围动作由机器执行，因此，它是从机器向操作者发出的动作（假设操作者陷于其中，能见证这一过程）。从这个意义上说，它遵循传统的表现或再现艺术的逻辑，如绘画或电影。游戏世界在氛围动作中作为纯粹的审美对象，与现实世界分离，可以被观看，在自足地表现自身。但氛围动作中总是存在一种“能激发强烈感情的期望"[1]。它关乎可能性，在微妙地期待操作者的回归。

同样，还有一种动作类别和氛围动作相关，我们应该用稍微倒置的术语描述它。这类动作关乎游戏中纯粹的电影式段落，包括其中的桥段（interludes）、片段间的过渡（segues）和其他电脑生成的影像（machinima）。詹姆斯·纽曼（James Newman）使用"离线"（off-line）一词描述操作者在游戏中的被动时刻，即他们实际的游玩时刻［"在线"（on-line）时刻］的对立面。[2]大多数电子游戏都会在特定节点插入符合线性时间逻辑的动画段落，不论是《吃豆人》（*Pac-Man*）关卡之间一闪而过的动画片段，还是《黑客帝国：进入矩阵》（*Enter the Matrix*）中高成本拍摄的影像段落。考虑到一些人对传统媒体抱有怀旧情绪，或表现出对电子游戏纯粹独特性的恐惧，我有意在此移置或矫正这些观念（正如麦克卢汉在《理解媒介》的开篇指出，任何媒介的"内容"都是另一种媒介）。在这种动作类型中，操作者暂时变得无关紧要。

① 凯蒂·萨伦做此阐述。

② James Newman, "The Myth of the Ergodic Videogame: Some Thoughts on Player-Character Relationships in Videogames," *Game Studies* 2, no.1（July 2002）.

它与氛围动作不同：在那里，操作者被机器怀念，但在此，他们则被遗忘。同样，游戏中的电影式段落并不似氛围动作那样处于永恒的“不作为”状态。相反，它表现出高度的工具性和蓄意性，通常担负着推进角色成长的任务，或者用一般的游玩状态无法达成的方式推动情节发展。电影桥段（interludes）在游戏世界中产生，并以某种方式延伸至游戏的整体空间或叙事。它们在切实的游玩动作之外，却不在游戏叙事之外。从形式上讲，游戏中的电影桥段是对“作为机器的游戏”的荒诞迷恋。这台机器为电影所用，游戏场景的布置与制作均由机器完成，机器通过视频渲染或将游戏动作程序化的方式实现上述制作。我们也可以在游戏场景中加入好莱坞式的影像剪辑和声音合成风格。因而颇为讽刺的是，我们所认为的电子游戏中最纯粹的机械或“数字”时刻（抛弃操作者和切实的游玩动作，从机器中生成电脑图像），本质上却是最“不可玩”的。因此，探讨操作者—机器关系的必要性变得显而易见。游戏中的电影桥段是我们观察机器的一扇窗，它浑然一体（oblivious）且独立自足。

下面，我会初步尝试对电子游戏的动作系统进行分类。我将第一类游戏动作界定为故事中的机器动作（diegetic machine acts），因为这类动作发生于游戏的想象世界，并且由机器触发。这里体现了游戏环境的物质层面，同样包括非玩家角色（non-player characters）的动作。这一时刻是纯过程的时刻，机器已被启动并运行，此外无关其他。

主观算法

然而，电子游戏自然并不尽如上文所述的那般机械且非人化。考虑到电子游戏中的控制论现象（cybernetic phenomenon），可以说操作者和机器同样重要。下面，我们即将与另一种游戏动作的时刻相遇，即一种隐喻式替身（allegorical stand-in），它被用于政治干预、黑客攻击与批判。我将在第四章详述这类动作。

游戏动作的第二时刻指向一种过程，即主观算法的游戏动作，它通常自然发生，但其结束则需要外界干预（deliberate）。也就是说，游戏动作的第二时刻由个体角色或操作者执行，具有归纳性和历时性的模式特征。[1] 接着，我们来探索游戏动作的第二象限：故事外的操作者动作（nondiegetic operator acts）。

它们是配置动作（actions of configuration），这类动作始终由操作者施行，并由机器接收。它们发生在游戏世界的外部，但仍然是游戏软件和游玩过程的一部分。举例来说，最简单的故事外的操作者动作就是按下暂停键。暂停游戏是操作者将整个游戏置于悬停的动画

---

① 最纯粹的形式可参见Maurice Blondel，*Action (1893): Essay on a Critique of Life and a Science of Practice*（Notre Dame：University of Notre Dame Press，1984）。詹姆斯·萨默维尔（James Somerville）的*Total Commitment: Blondel's"L'Action"*（Washington，D. C.：Corpus，1968）是探讨布隆代尔文本的有效的二手材料。布隆代尔关注行动的不可还原性。如今，"互动"（interactive）经常被用于描述用户和机器的耦合，但布隆代尔的"动作"概念更剑走偏锋，更侧重个人生活，或他所谓的个人（the whole of man）。"肯定还是否定，人类的生活有意义吗，人类有命运吗？"——这一问题激发了哲学史上对动作最广泛且毫无妥协的思考。他的理论前提是"我们必须把动作视为哲学的中心，因为我们同样需要找寻生命的中心"（3，13）。因此，布隆代尔是我的灵感之源，不是因为动作的动机，也非动作的结果，同样不是诸多动作的道德基础。分析哲学传统中的相关探讨，试图通过将动作研究简化为其他主题，来破坏对动作本身的研究，就好像对因果关系的研究可以揭示动作的实际现象一样。布隆代尔的著作旨在回答人类命运的一个基本问题，这与笛卡尔的观点相似。他写道："在我的动作中，在世界上，在我身体的内部或外部，有一种东西切实存在，但我不知道它在哪里或它是什么。"（52）事实上，同样的主题在哲学中经常出现，从伊壁鸠鲁的原子在太空中坠落时的"转向"，到德勒兹和加塔利"克制"煽动混乱的力量。

状态。暂停的动作来自机器外部，它将游戏悬置于一个暂时休眠的气泡，游戏被完全冻结。暂停的动作并不像氛围动作单纯地将游戏搁置，机器软件也没有因此过程而崩溃。因此，暂停的动作并不折损游戏的可玩性，且总是可逆的，但机器永远无法预测暂停的动作会在何时发生。这类动作是非叙事的，因为游戏世界中没有任何事物能解释或促使其发生。实际上，仅仅由于暂停的动作否定了动作本身（哪怕只是暂时的），我们就足以将其与机器动作（操作者动作的对立项）相区分。

故事外的操作者动作的另一个案例是在游戏中使用作弊软件或黑客。许多游戏为了排除故障或测试运行，通常会有意内置作弊功能。这种功能会逐渐变得广为人知，或被颇具洞察力的游戏玩家偶然发觉。作弊动作就像暂停动作，由操作者在游戏世界之外施行，在某种程度上影响了游戏的游玩进程。这一操作可以用硬件执行［如“游戏精灵”（Game Genie）或其他物理插件］，但更常见的是通过游戏软件中特殊的终端控制台完成，或是简单按下预设的按钮序列来执行。游戏也可能通过叠加脚本或软件来作弊，比如在《无尽的任务》（*Everquest*）中运行宏或在《魔兽世界》中附加组件。当然，玩家也可以明晃晃地作弊，比如在《反恐精英》（*Counter-Strike*）中透视墙壁。游戏社区大多不鼓励作弊行径，因为它偏离了既定的游戏规则，从根本上破坏了传统的游玩方式。但运行宏和附加组件的行为往往能被容忍，甚至被鼓励。同样，使用硬件模拟器玩电子游戏可能会引入故事外的操作者动作的新形态（比如暂停行为），即使这类动作在原始游戏中并不存在。

除了上述对故事外的操作者动作的初步观察，我们还可以进一步描述它的两个基本变体，第一个被局限于游戏的设置维度。所有游戏都包含设置的动作，比如偏好设置、游戏配置、游玩行为的元分析、加载或保存游戏、单人或双人游戏等间隙动作。暂停和作弊都属于这个动作类别，它囊括了游戏前、游戏后和游戏进行中的所有活动。

故事外的操作者动作的第二个变体非常重要，许多产生广泛影响的游戏设计都围绕这类动作展开，即游戏动作（gamic actions），其中的配置行为（act of configuration）自身就是游玩发生的场域。这类游戏的驱动原理是对特定算法的理解和执行。所有的资源管理模拟游戏、大多数实时策略（real-time strategy，RTS）游戏和回合制游戏的设计都遵循这种方式。对于《魔兽争霸Ⅲ》（*Warcraft Ⅲ*）这类实时策略游戏来说，配置动作的重要性不在于游戏开始前的设置操作，而是体现于其游玩过程。在《最终幻想X》中，装配各式的武器和盔甲、与球体网格交互或选择战斗展开的方式等操作，都是通过外在于叙事世界的游戏界面和菜单完成的。这些活动可能与游戏的叙事密切相关，但一旦将其从角色再现和故事的虚构场景中排除，它们就只存在于游戏的信息维度。这些配置动作往往是操作者游戏体验的本质，这也简单地证明了，即使只在一些特定时刻，游戏也可能完全规避叙事（我在开篇提到，本书尝试对故事在游戏中的地位进行检验，这也正是其中的一个原因）。许多模拟类和回合制策略游戏，如《文明Ⅲ》（*Civilization Ⅲ*），也倾向于在其中使用大量故事外的操作者动作。

但是，电子游戏为何要求操作者熟悉多结构的复杂算法，并在游戏过程中执行这些算法指令？针对这个疑问，本书第四章的概念阐释会详细回应这个问题。其中，我借鉴了克利福德·格尔茨（Clifford Geertz）对“深玩”（deep play）概念的阐述。格尔茨在《深玩：巴厘岛斗鸡》（“Deep Play: Notes on the Balinese Cockfight”，简称《深玩》）一文中提出了一种界定方式，颇引人深思：“文化，是行动着的文档。”[1] 这条论断包含三条相互关联的阐述。首先，文化在游戏中发挥作用；其次，文化是一个文档（document），是遵循符号系统中多维逻辑的文本；最后，它是行动着（acted）的文档。这种界定使文化在根本上有别于其他非行动的（nonacted）符号系统。当然，文学或电影与作者的行为、话语结构及其对行动的表达或者阅读行为都有着重要关联，但它们作为文本却不是基于行动的媒介，这一点与文化和电子游戏不同（我在此试图说明电子游戏的行动性）。所以，格尔茨所说的文本并不指文化，而是说行动，行动才是文本。格尔茨的论述在随后几年的文化研究中引起了很大共鸣，尤其是在表演理论中。在《深玩》中，格尔茨将游戏描述为一种有意义的文化现象。由于游戏是一种文化行为，且行动具有文本性，所以游戏和其他文本一样仰赖阐释。“深度”概念在该游戏的表现是，斗鸡赛中的双方越势均力敌，结果就越易变且不可预测。他/她离对手越近，其声誉就越有可能基于比赛结果被建立或摧毁。因此，格尔茨在界定“深玩”时，同样展示了如何将游戏外部的事物融入其中，并通过游戏对其加以表达：

① Clifford Geertz，*The Interpretation of Cultures*（New York：Basic Books，1973），10.

因此，巴厘岛斗鸡赛中“深度”的体现不是金钱本身，而是凭借金钱才能发生的东西（金钱越多，它越可能发生），即巴厘岛的地位等级制度在斗鸡赛中的渗透。鸡或许是玩家个性的化身，是其精神形态在动物上的显影，但斗鸡赛却是（或者更确切地说，是被有意构建的）社会矩阵的一种模拟，一种跨域交叉的、重叠的、具有高度团体性的系统——包含村庄、血亲、灌溉社会、寺庙会众和“种姓”——该社群的信徒居于其中。（操作者玩）斗鸡赛游戏的主要驱力是肯定、捍卫、庆祝和证明自己的权威，并且纯粹地享受它（但鉴于巴厘岛稳固的层级制，游戏目标并不包含寻找或建构权威），当然，游戏亮点也包括阴茎、血祭和货币的流动交换。借用欧文·戈夫曼（Erving Goffman）的表述，这种娱乐和运动表象实为“一场关乎地位的屠杀”。[①]

① Clifford Geertz, *The Interpretation of Cultures*（New York: Basic Books, 1973）, 436. 斗鸡游戏中的“深玩”看似不全然合理，它与杰里米·边沁（Jeremy Bentham）的观点相悖：“拿走一个人财富的四分之一，你就毁掉了他幸福的四分之一，以此类推……深玩的弊端同样应归咎于此。虽然就金钱本身而言，赢或输的概率是均等的，但就赌博获得快乐的概率而言，却总是悲大于喜。假设我有一千英镑，赌注是五百英镑，如果我输了，我的财富减半；如果我赢了，它只会增加三分之一。假设赌注提高至一千英镑。如果我赢了，我的财富翻倍，但我的幸福不会因此翻倍；如果我输了，我就陷入贫困，我的幸福也因此毁了。”参见 Bentham, *Theory of Legislation*（London: Trubner, 1871）, 106。

游戏是文化中更宏观问题的符号式行动，是结构的表达。格尔茨指出："斗鸡赛是一种表达方式。"[①] 它是用于"尽情图绘生活"的美学及表演工具。[②]

我在《最终幻想X》或《模拟人生》(*The Sims*)中也觉察到了与之相似的事物。电子游戏中的配置行为体现了文化中那些庞杂、未知、危险和痛苦的过程，但并未将其直接表达。格雷戈里·贝特森(Gregory Bateson)指出："(斗鸡在游戏中)俏皮的一口指涉着啄咬的动作，但它并不揭示啄咬的动作所指涉的东西。"[③] 配置行为是对生活的再现：自电子游戏在20世纪70年代作为大众媒介诞生开始，美国向信息经济的转型为个人生活带来了巨大震荡，人们经历了新一轮的教育与调动，进入了由机器和其他信息产品介导的新经济。从弗雷德里克·詹姆逊到曼纽尔·卡斯特(Manuel Castells)，这场转向无疑成为学界广泛思考的主题。关乎信息的全新"一般等价物"改变了文化被创生和体验的方式。因此，在一系列令人眼花缭乱的新兴文化现象中，不论是嘻哈音乐的切

---

① Geertz, *The Interpretation of Cultures*, 444.

② Geertz, *The Interpretation of Cultures*, 446.

③ Gregory Bateson, "A Theory of Play and Fantasy," in *Steps to an Ecology of Mind* (Chicago: University of Chicago Press, 1972), 180.

片采样文化，还是计算机辅助建筑设计中的微积分曲线，我们都能从中观察到“新型信息人”必备的、相似的定量调制（quantitative modulations）和数值评估（numerical valuations）过程。概而言之，生活在信息时代就意味着知道该如何使用菜单。电子游戏中的配置行为仅是这场广泛转向中不起眼的脚注。因此，我提出的游戏动作的第二时刻，即故事外的操作者动作，遵循的是格尔茨分析巴厘岛斗鸡赛时使用的逻辑，或它实际上依循着马克思对社会劳动的理解：正如商品形式中潜藏着一张地图，我们用它来理解资本主义制度下更尖锐的生活矛盾；或正如斗鸡赛是上演各种社会关系戏码的场域，电子游戏中，故事外的操作者动作是对当下信息文化中算法结构的一次隐喻。电子游戏将社会现实转化为可玩的形式，我将在第四章详述这一主题。

在了解游戏动作的前两个时刻之后，我们就能觉察这个分类系统的第一维度。游戏动作的第一时刻揭示了故事中的机器动作，第二时刻揭示了故事外的操作者动作。如图 1 所示，我将分类方案中的两组轴线并置，轴线的两端分别指涉故事中的与故事外的、操作者与机器。

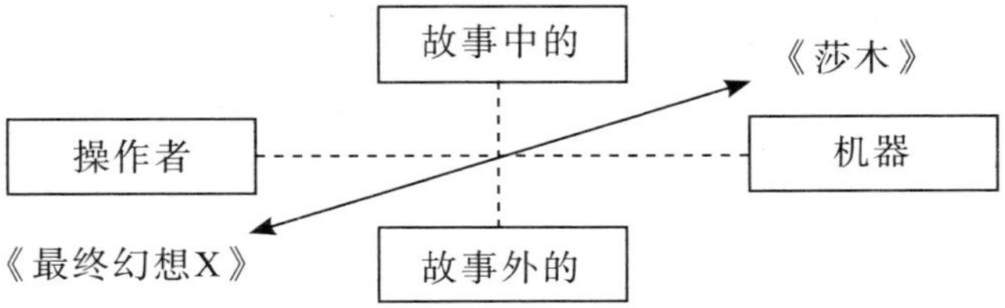

图1

因此，游戏动作的前两个时刻发掘了图示的一种对角线关系（后文将探讨图中的其他关系）。第一组对角线关系是（1）受抽象信息规则支配的动作体验（如《莎木》中氛围动作营造的气氛）和（2）建构主观游戏、服从规则与配置的动作体验（如《最终幻想X》中对计划的配置和执行）。一种运动由机器向外发出，另一种运动则向内进入机器，前者揭示信息学的（运作）过程，后者则关乎该过程的信息学。与《莎木》一样，《神秘岛》（*Myst*）或《古堡迷踪》（*Ico*）等游戏的巧妙在于，它们能以一种算法的诗意抓取操作者的欲望。《古堡迷踪》中气氛（或游戏布景）和非游戏（nonplay）体验在持续向操作者召唤。然而在非游戏中，操作者实际上在不断将其体验向机器的实际节奏趋近。通过这种方式，操作者的欲望开始屈从于机器欲望。这种自讨苦吃式的迷恋情结在《神秘岛》中同样明显。操作者与其说在游玩《神秘岛》，不如说在其中屈服，游戏中的复杂谜题和华丽渲染在一定意义上达到了同样的效果。但是，《魔兽争霸Ⅲ》《文明Ⅲ》或是任何模拟和实时策略类游戏中，都会出现相反的动作体验：操作者不再遵从机器的逻辑，而是悬停于游戏之上，通过旋转手柄按钮或调整游戏菜单，从游戏故事中回退一步。操作者不再顺从，而是将其称为“上帝游戏”；他们不再将算法视为算法本身来体验，而是去制定算法。在这两种情况下，操作者都与信息学产生了独特的联系，但这种联系的详细构成却不得而知。《莎木》使操作者在游戏内部体验着信息学，而《最终幻想X》则使其在外部自上而下地体验它。当然，上文图像中的轴线仍然成立：《莎木》的主要玩家是机器，而《最终幻想X》的则是操作者；同样，《莎木》将游戏主要定位在故事中，而《最终幻想X》则将其定位在故事外。

行动（The Dromenon）

行文至此，我一直在等待直接阐释“游玩”（play）和“游戏”（game）这组双生概念的时机，以传达这两个术语有限的效用，这或许要我自负风险。正如开篇所说，游戏是由规则界定的活动，玩家通常要达成某个目标。而尽管“游玩”的概念对人类活动至关重要，它却是理论定义最松动的概念之一。[①] 赫伊津哈在20世纪30年代的成果集大成于《游戏的人》（*Homo Ludens*），这本书和凯卢瓦著于1958年的《游戏与人》（*Man, Play and Games*）都将玩的行为认定为一种社会与文化现象。

> “玩游戏”是在特定的时间和地点范围内才能进行的、自愿的活动或消遣，其规则虽由玩家自愿接受，却具有绝对的约束力。玩以自身为目的，能同时使玩家感到紧张和愉悦，并意识到它“不同”于“日常生活”。[②]

① 对于席勒而言，游戏驱力是与人的道德自由和审美体验相似之物。尤其参见letters 14 and 15 of Friedrich Schiller, *On the Aesthetic Education of Man*（Oxford: Oxford University Press, 1967）。

② Huizinga, *Homo Ludens*, 28. 这本书在前文对这一概念进行了更细致的总结：“我们可以将游戏的形式特征概括为一种‘自由的活动’，它自觉地立于‘日常’生活之外且‘不严肃’，却强烈而彻底地吸引玩家。这是一种与物质或利益无关的活动，它按照固定的规则和有序的方式在自己适当的时空范围内运行。游戏促进了社会群体的形成（这些群体倾向于以私密的方式保护自己，并通过伪装或其他方式强调自己与日常世界的区别）。”（13）——原注
这段译文参照了傅存良的译本（北京大学出版社，2014年，第32页），但根据译者的个人理解进行了重译。——译者注

赫伊津哈对“玩”的界定是他在观察游戏的本质后将其升华的结果：玩的行为是自由的，它不从属于日常生活，且与时间和地点相隔绝；它创造了秩序（以规则为形式），促进了玩家群体的形成。凯卢瓦阐释了其在早期著作中不太可能探讨的知识类型［他是左派，和乔治·巴塔耶（Georges Bataille）等人为友；赫伊津哈是老派的文化历史学家］。他在“玩”的定义上几乎与赫伊津哈一致：“它似乎是一种（1）自由的、（2）独立的、（3）不确定的、（4）非生产的、（5）受规约的和（6）虚构的活动。”①

赫伊津哈在许多细节处都暗示游玩/玩是人类生活的一部分。他主张在玩和文化之间建立直接的关联，认为玩并非寄居于文化，而是恰恰相反，文化经由玩的行为产生。他写道：“我们必须得出这个结论，文化/文明最原初的形式是玩。但它不似婴儿从子宫脱离那般，在诞生后就与其母体（玩）分离。它从玩中产生，并以玩为形式存在，二者永远不会脱离彼此。”或者，我们需认定其前文的阐述：“文化以玩的形式出现……它的产生就是玩的结果。”② 但与此同

① Caillois，*Man, Play and Games*，43. 更详尽的定义见第 9—10 页。

② Huizinga，*Homo Ludens*，173，46.

时，赫伊津哈较少关注这种宏观的“玩”，也不重视个体之“玩”的物质细节。相反，他充分肯定“玩”的首要地位，想从中排除任何非必要的成分。他的逻辑是，我们对“玩”的界定绝不能基于这个假设，即需通过那些不可玩之物来界定“玩”。[①] 因此对赫伊津哈来说，“玩”不可分配且自成一派，它以其基本形式表达自身，但很少以游戏或媒介的实际形式呈现。最后，赫伊津哈认为，正是游戏的不可还原性（游戏内在的本真性）使“玩”不能成为分析作为媒介的电子游戏的有效工具。他在书中探讨的内容与媒介相去甚远，仅能为相关研究粗略指明前进的方向，而不能为其提供核心的研究方法。

虽然赫伊津哈和凯卢瓦在对“玩”的探讨上大体一致，但二者的区别在于，凯卢瓦超越了对“玩”的正式界定，他认为其定义“与现实相悖”，并进一步描述了游戏在“其丰富和无限的多样性”中的“独特和不可通约性”。[②] 这种偏唯物主义的方法是凯卢瓦最擅长的，他接着列出了四种基本的游戏类型［竞争、

① “所有这些（令人反感的）假设的共性在于，它们都基于同一种观点，即玩必须服务于不可玩之物。”Huizinga，*Homo Ludens*，2.

② Caillois，*Man, Play and Games*，10，11.

机会、模仿和恐慌或“眩晕”（vertigo）游戏］，每种类型都在一条连续的光谱中上下游移，光谱的两极分别是“即兴游玩的异想”和“规则的严格制约”。与赫伊津哈不同，凯卢瓦毫不迟疑地提到实际的游戏和游玩的行为，并根据不同的特性将二者组合。因而在凯卢瓦的语境中，我们能去关注具体的足球和轮盘游戏，甚至也包括放风筝和旅行嘉年华类游戏。

但是，赫伊津哈和凯卢瓦的共同之处，以及其理论适用于我们当下讨论的游戏动作的共同点是，二者都尤为关注个体在游戏中的游玩体验。作为社会学家，他们会自然而然地视人类的主体性优先于机器的技术范畴，认为游戏是人类（包括某些动物）的“职业”或“活动”。但作为游戏理论家，他们则自然地将“非游戏”排除在讨论范围之外。尽管这对于理解“游玩”或“游戏”来说无伤大雅，但对于我们理解具有明确的具形（tangible）特质的历史媒介（电子游戏）来说，却尚不足够。我在上文提到，在氛围动作中，游玩过程本质上是被悬置的，但这是否意味着氛围动作被排除在“玩电子游戏”的行为之外？或者，我在上文将使用黑客和作弊软件的行为界定成故事外的操作者动作，赫伊津哈和凯卢瓦均认为这类行为从定义上就已经对游戏产生威胁［赫伊津哈称作弊软件是“乐趣毁灭器”（spoil-sports）］，而这是否又将使用黑客和作弊软件的行为排除在“玩电子游戏”的行为之外？如果我们进行游戏分析的对象是一个媒介整体，我们是否必须只探讨其中与游玩或游戏相关的部分？这种研究方式或许有助于我们理解“游玩”或“游戏”的纯粹概念，但却使我们忽视了“媒介”所囊括的驳杂细节。因此，若界定电子游戏，就必须使用赫伊津哈和凯卢瓦对游玩的定义，将其视为内生于算法游戏机器的事物。① 这种研究方法的特殊性在于，它更像一种媒介研究方法（而非文化人类学），尝试从手边已有的材料向前回溯，充分考量媒介的整体性，而不仅将其视为人类活动中某个环节的具体例证。只有在此基础上，我们才能从电子游戏的众多表

① 威廉·弗卢塞尔（Vilém Flusser）为呼应赫伊津哈从智人（Homo sapiens）、匠人（Homo faber）到游戏人（Homo ludens）的划分，使用了“程序”（program）一词，强调了游戏终将转化为算法术语：“新人类不再是行动的人，而是游戏的人：游戏人是匠人的对立面。对他而言，生活不再是一场戏剧，而是一场表演。它不再关乎动作，而是关乎感受。新人类不再在意做什么或拥有什么，而是呼吁体验。他渴望去体验、去了解，但最重要的是，去享受。因为他不再关心事物，所以他不提出问题，他拥有程序。”Flusser，*The Shape of Things*（London：Reaktion，1999），89.

象和制品之中，为其找到合适的阐释框架。这也正是为何我没有像其他著作那样用赫伊津哈和凯卢瓦的研究方法引出本书的主要观点，而是选择在此处，即游戏动作的第三时刻（坐标轴上游玩主体和游戏叙事空间的交界处），探讨这部分内容。

游戏动作的第三时刻对“动作”的阐释使用了最传统的界定方式，即个体有意进行的移动。在此，赫伊津哈揭示了其对神圣表演（scared performances）中游戏元素的理解：

> 仪式是一种*行动*（dromenon），即“某事被执行”，是一种行为或行动。被执行的事物或行动的产物是一部*戏剧*（drama），也就是舞台上再现的行为或行动。此类行动的呈现方式可能是表演或比赛。仪式或“仪式行为”再现了一个宇宙中发生的事件（cosmic happening），一个自然发生的事件。然而，“再现”一词并不涵盖该行为的确切含义，至少没囊括其广义的现代内涵，此处的“再现”实际上指涉着某种“*认同*”（identification），是对事件的神秘重复或*再呈现*（re-presentation）。仪式产生的效果与其说是*形象地呈现*（shown figuratively），不如说是在行动中*实际*

地再生（actually reproduced）。*因此，仪式的功能远超模仿；它促使其信徒主动参与神圣仪式的发生。*[①]

赫伊津哈认为，再现即象征地重现动作，而游玩是在动作中再生的效果。因此，仪式行动有助于我们理解游戏动作的第三时刻：*故事中的操作者动作*（diegetic operator act）。这是操作者在游戏虚拟世界中直接行动的时刻，也是我的理论与赫伊津哈及凯卢瓦重叠最多的部分。

故事中的操作者动作之所以具有故事性，是因为这类动作发生于游戏世界；而之所以是操作者动作，是因为它们由游戏玩家而非游戏软件或任何外力执行。故事中的操作者动作通常体现为*移动动作*（move acts）或*表达动作*（expressive acts），二者更像是同一主题的不同变体，而非彼此无关。简单来说，移动动作会改变游戏环境的物理位置或方向，这可能指向游戏世界中玩家角色的位置变化，也可能意味着角色的视角变换，即伴随游戏世界新区域的开发而发生变化。移动动作往往通过玩家使用操纵杆、模拟杆或任

① Huizinga，*Homo Ludens*，14-15.——原注
这段译文参照了傅存良的译本（北京大学出版社，2014 年，第 16 页），但根据译者的个人理解进行了重译。——译者注

何类型的移动控制器来实现。在一些电子游戏中，移动动作表现为人物角色的运动：奔跑、跳跃、驾驶、扫射、蹲伏等。而在《俄罗斯方块》(*Tetris*) 这类游戏中，玩家并没有特定的角色化身，因此其移动会以空间平移、旋转、堆叠和游戏代币界面的形式出现。

操作者动作中有一种动作和它相似，这类动作关注玩家的表达（expression），哪怕仅是一次鼠标点击也是这类动作的体现，它包括选择、拾取、获取、旋转、解锁、打开、交谈、检查、使用、射击、攻击、施放、应用、键入和发送表情等动作。表达动作在特定的游戏类型中表现得极其单维 [如《雷神之锤》(*Quake*) 或《虚幻》(*Unreal*) 中射击的表达]，但也能表现得非常复杂，比如战略或冒险游戏中的对象选择与组合。

一些游戏同样对多种表达动作加以融合。在《银河战士Prime》中，射击键的功能会替换出现，相同的按键既可以发出攻击指令，也可以用于开门的操作。其实从经验上看，这两种行为并无不同：它们都发出了一种自内向外的表现欲望，从玩家角色指向该世界中的可操作对象。而从游戏动作的角度来看，《银河战士Prime》中的表达动作不论是打开了一扇门，还是杀死了一个非玩家角色，其实都没那么重要。关键在于，行为主体（玩家角色）和可操作对象通过这个动作得以耦合。

但由于并非游戏中的所有对象都是可操作的（actionable），游戏对象的动作状态也在随时发生变化，这致使表达动作无法触及游戏内的全部要素。比如，《半条命》（*Half-Life*）中的外星奴隶在生存时是可操作的，但在被杀死后就变得不可操作；或者《魔兽争霸Ⅲ》中的金矿在生产状态中可操作，但在坍塌后则不然。游戏中的可操作对象会以按钮、方块、钥匙、障碍物、门、对话、非玩家角色等形式出现。因此，在如《冒险》（*Adventure*）等基于文本展开的游戏中，可操作对象以具体对象名称的形式出现（该名称必须在游戏中被使用或检验）；而在《银河战士Prime》中，这类对象却常以扫描面板（scan visor）的形式向操作者呈现自身；又或在《杀出重围》中，平视显示器会突出显示可操作对象。不可操作对象是游戏内嵌的风景，无论操作者为之倾注多少，都无法从这类对象中获得任何产出。在设计游戏关卡时，设计师就已经确定了物体是否具有可操作性。游戏中一些对象仅作为无行动能力的物质出现，而其他对象则与特定的游戏功能相关，能触发具体的动作反馈（在关卡的设计过程中，设计师同样建构了某些机器动作，如角色的出生点、灯光、着色器和障碍物）。表达动作的对象在不同类型的游戏中重要性各异。比如，像《无尽的旅程》（*The Longest Journey*）这类冒险游戏，需要操作者密切关注视野中对象的动作状态。但在实时策略或第一人称射击类游戏中，探索新物体的可操作性并非游戏的主要目标，相反，它寻求和已知的动作对象发生交互（通常是弹药、健康包、怪物等对象）。

前文对故事中和故事外两类操作者动作的探讨，可以通过对游戏控制器设计的考古探索来记录。游戏控制器将这两类动作具身化为按钮、摇杆、触发器和其他输入设备。因此，虽然游戏故事中的表达动作通常以想象的虚拟形式出现，但它同样具有一种物理形式。在如《半条命》的电脑端游戏中，操作者的动作在字面意义上被铭刻于键盘和鼠标的各个区域。滑动鼠标滚轮指向的是移动动作，点击鼠标则指向表达动作。同样，某些键盘组合（A、W、S、D、空格和Ctrl）属于移动动作，其他（R、E、F）则属于表达动作。但这种物理上的铭文是可变的。虽然某些控制键/钮

（如PlayStation的“开始”和“选择”键）几乎专属于故事外的操作者动作，但控制键/钮通常具有双重功能，在不同游戏逻辑中发挥的作用不同。比如，雅达利2600是一种相对简单的控制器（带有按钮和方向杆），它必须便于游戏中所有的操作者使用。

结构的游戏

雅克·德里达（Jacques Derrida）在《人文科学话语中的结构、符号和游戏》（“Structure，Sign and Play in the Discourse of the Human Sciences”）中重点探讨了游戏（play）的概念，包括事物“发挥作用”的方式，并谈及了“结构的游戏”（或可称其为“意义的游戏”与“世界的游戏”）。[①] 对于这个概念，我们也可以直接援引德里达在《播撒》（*Dissemination*）中使用的“句法的游戏”或“意义链的游戏”。[②] 因此对德

① Jacques Derrida，*Writing and Difference*（Chicago：University of Chicago Press，1978），280，278，281，292. 法语*jeu*可被译为“玩”（play）、“游戏”（game）或“游玩”（gaming）。

② Jacques Derrida，*Dissemination*（Chicago：University of Chicago Press，1981），194，95.

里达而言，游戏在根本上指涉着事物在文字层面的发生（transpire）方式，概而言之，即事物如何发生。然而，这个概念远比看上去更加复杂，因为它触及了语言的本质。德里达引用了克洛德·列维-斯特劳斯（Claude Lévi-Strauss）的观点：如果不详尽叙述过去言说的每个语词、当下使用的诸语词以及未来将被叙事的全部语词，我们就永远无法准确复刻特定民族的语言。他立足于斯特劳斯的思想，基于这种对整体性的无用（useless）追求，来进一步阐释自己对“游戏”的理解：

> 因此，总体化（totalization）有时被界定为*无用*，有时则被定义为*不可能*。毫无疑问，界定方式的不同缘于我们理解“总体化的极限”的两种方式。我想强调的是，这两种方式在列维-斯特劳斯的话语中，以一种未被言明的方式共存。在古典风格中，我们可以认定总体化几乎无法实现：某个主体或有限的话语近乎绝望地寻求无限的丰富性，即使它永远无法把握后者。话语注定无法将无限性言说。

之后，德里达开始谈论游戏。

> 非总体化（nontotalization）也可经由另一种方式被确定，但并非立足于有限性的概念，而是基于*游戏*（play，jeu）的概念。如果总体化不再指涉任何意义，那并非由于有限的浏览（glance）或话语本身无法覆盖无限的场域，而是因为场域自身的特质（语言，或有限的语言）已然排除了总体化：该场域实际上是*游戏*的场域，是有限的群组在闭合时，存在的无限组合可能的场域。该场域正因其有限而存在无限的组合可能，也就是说，该场域不符合对其的经典假设，它并非不可通约或过大，而是有所缺失：阻碍或促成游戏中其他组合之可能性的特定中心的缺失。我们可以认为，游戏的移动（此处对该语词的使用较为严谨，因它颇具争议的所指在法语语境下经常被省略）是增补（supplementarity）的移动，它由于缺乏中心或起源而得以存在。[①]

因此，语言场域的缺乏并非体现于数量，而是体现于质量（qualitatively）。问题的关键不在于领域的延展，而是从内部将其重塑，重塑的过程就是德里达所

---

① Derrida，*Writing and Difference*，289.（译文经作者修改）

称的“游戏的移动”。[1]使用增补的逻辑，游戏重建了游戏的场域，但不是为了创造一个新的整体，而是为了强制使一种非整体或“非总体化”状态永久存在。游戏是游戏场域的持续震荡，是内生于结构自身的生成式运动，一方面对其进行补偿，另一方面则对其进行增补和维持。凯蒂·萨伦和埃里克·齐默尔曼（Eric Zimmerman）认为：“可转化的（transformative）游戏是一种特殊案例，它发生于一个时刻，即游戏的自由移动改变了其僵化结构（游戏产生于此结构）的时刻。”[2]德里达对这种生成式震荡的描述如下：

> 游戏是对在场（presence）的扰乱……基于缺席之起源的不可能在场或缺失，（列维-斯特劳斯的）结构主义主题的“破碎的即时性”因而是对游戏黯然、*消极*（negative）、怀旧、内疚、卢梭主义式的理解，其另一面是尼采式的肯定（affirmation），即对游戏世界

① 麦肯齐·沃克指出：“如果我们依序遵循赫拉克利特、尼采、德勒兹和德里达的思想路线，我们大抵会认为游戏是一种自由运动，它能从自身生发出更僵化的结构。换言之，游玩并非游戏的先决条件，但它是构成游戏的可行条件。布莱恩·马苏米（Brian Massumi）在其《虚拟的寓言》（*Parables of the Virtual*）中有力论证了这一点。”参见Wark，“Designer Playtime，” *Rhizome Digest*，January 5，2004。

② Salen and Zimmerman，*Rules of Play*，305.

> 中愉悦的肯定，对生成之纯洁的肯定，对一个没有错误、真理或起源（这些要素的缺失往往是利好的）的符号世界的肯定。然后，*这种肯定会确定*“非中心”的存在，*它不意味着失去中心*，没有安全保障。因为有一个*确定*的游戏：它仅限于为*给定的*、*现有的*、*在场的*作品提供其他*可能性*（substitution）。在绝对偶然的情况下，这种肯定也屈从于*基因的*（genetic）不确定性，屈服于踪迹的*开创性*（seminal）冒险。[①]

因此，尽管游戏是德里达最珍贵的术语之一，他却并未言明游戏是什么，而是用游戏的概念来阐释其他事物的本质，即语言的结构。因此，“游戏”一词极幸运地能与德里达的著名概念并置；在本部分则与增补（supplement）和踪迹（trace）成对出现。在《播撒》一书中，游戏的概念被描述得十分宽泛，变得与“写作”一词切近，以至于人们很容易将两个术语混用。德里达描述了柏拉图对游戏性和严肃性的区分，发现：“游戏一旦产生并进入语言，就会自我抹除，正如写作必须在真理面前自我隐藏。我想强调的关键在于，在写作或游戏中不存在这样的东西（there is no

① Derrida, *Writing and Difference*, 292.（译文经作者修改）

as such）。"[1] 如此，游戏对语言和意义都至关重要，哪怕游戏在使后者的概念产生的过程中会自我抹除。

行文至此，游戏概念的版图开始形成闭合。赫伊津哈将游戏视为完全公理化的概念，它无法被通约为更原初的现象。但对于凯卢瓦而言，纯粹的概念正如其他任何文本形式，被置于严格的细读之下。而对于德里达来说，游戏再次作为一种纯粹的、指向某种积极性的概念。如果说凯卢瓦的目标是诠释游戏（interpretation of play），那德里达的目标就是把玩诠释的行为（play of interpretation）。游戏为德里达带来了一种生成式的震荡或多义（ambiguity），即一种愉悦前行的方式，不受制于倒退（retrograde）结构的缺失或缺席。正如莫里斯·布隆代尔（Maurice Blondel）将真理与动作相结合，德里达试图用积极阅读的生成式张力来取代所谓的文本真理。

第四种游戏动作是故事外的机器动作（nondiegetic machine acts），它是由机器执行的动作，是游戏整体体验不可或缺的一部分，但并不囊括于游戏世界的狭义概念中。这是最有趣的动作类型，包括游戏中（角

① Derrida, *Dissemination*, 156-157.

色）的内驱力，如角色增强（power-ups）、目标、高分统计、动态难度调节（dynamic difficulty adjustment，DDA）、平视显示器（HUD）和健康包等要素，也包括由机器施加的外驱力（机器有意或偶然地执行），如软件崩溃、低多边形数量模型（low polygon counts）[①]、偶发的卡顿、服务器停机和网络延迟。我之所以称其为“狭义概念”，是因为许多故事外的机器动作（如角色增强或健康包）实际上都直接介入了游戏的必要叙事，这无疑使故事中和故事外之间的界限变得十分模糊。

最具象征意义的故事外的机器动作是“游戏结束”，即游戏中角色死亡的时刻。虽然死亡在一定程度上取决于操作者的技术（或实际上欠缺技术），但从根本上说，死亡行为是由游戏根据操作者的指令输入和游戏思路而自主实施的。死亡行为指控制器停止接收用户的游玩指令并基本处于“关闭”状态的时刻（至少是暂时关闭，直到游戏切换至菜单界面或直接返回游戏起点）。这一时刻通常等同于操作者的玩家角色在游戏环境中死亡［或者是违反特定规则的时

① 低多边形通常呈现为简单的块状，在计算机图像中渲染成本较低，但具有独特的美学风格。——译者注

刻，如在《细胞分裂》（*Splinter Cell*）中取消任务]。“乔迪”（Jodi）[①] 创作的游戏精准践行了故事外的机器动作，尤其是其中的死亡时刻。机器本身的代码因其模糊性、破坏性、非理性和非人性而广为人知。“乔迪”是赫伊津哈所称的“乐趣毁灭器”，即他们的发明有意偏离了游戏创造的迷人秩序：

> 一种绝对而奇特的秩序在游戏界面占主导地位，我们在此遭遇了游戏的另一个正向特质：它创造了秩序，它*就是*秩序。进入一个不完美的世界，介入生活的迷乱，它带来了暂时的、有限的完美。游戏要求绝对的、至高无上的秩序。哪怕是对秩序最小限度的偏离都在“破坏游戏”，剥夺了其个性，使其变得毫无价值……游戏对我们施加魔法；它“迷人”且“使人着迷”。[②]

我引用这段话是为了强调赫伊津哈与德里达（或

① Jodi 是一个艺术家组合，由琼·海姆斯克（Joan Heemskerk）和德克·帕斯曼斯（Dirk Paesmans）创建于 1994 年。二人属于最早创作网络艺术的艺术家，之后开始创作软件艺术和艺术类的电脑游戏。——译者注

② Huizinga，*Homo Ludens*，10.

"乔迪"，如果有人愚蠢到让他们采取特定立场的话）立场的巨大分歧。对于赫伊津哈来说，游戏必须在某种意义上创造秩序；但对于德里达来说，游戏恰恰是对秩序的偏离，或者永远无法实现秩序，因而在起初就不想受秩序的约束。诚然，用德里达的尼采式术语来说，游戏的"结束"并不肯定（affirmative），但它一定是去中心的，将玩家置于暂时的无能与屈从状态。

如果归类，死亡行为就是第一类故事外的机器动作的一部分，我将称之为祛能动作（disabling act）。这些动作来自游戏世界之外，并以某种方式对游戏产生负面影响，体现为游戏中任何类型的冒进或缺陷。它们可能对游戏产生致命影响，或仅仅是偶发现象，也可能是游戏的必要或非必要组成。因此如前所述，这类动作包括以下全部现象：软件崩溃、低多边形数量模型、游戏漏洞、速度迟滞、偶发的卡顿和网络延迟。不会有比这些更让玩家感到烦躁的现象了。正如赫伊津哈指出，这些行为有能力从外部摧毁游戏，能禁用其运行逻辑。但与此同时，它们往往是游戏动作中最具构成性的类别，因为它们有能力定义游戏美学的外部边界，即整个媒介的"零度"（degree zero）。

第二类故事外的机器动作即由机器实施的行为，

这些行为旨在丰富而非降低操作者的游戏体验，因而应该被称为赋能动作（enabling acts），它们是使游玩过程顺畅进行的纯然本质。游戏机器通过赋能动作给予操作者某些东西：一条信息、行动速度的提升、一段时间内的免伤、额外的生命、血条的补充、传送门、分数、金币或其他奖励。因此，接受或使用上述事物［角色增强、目标、平视显示器（不包括输入的要素）和健康包］都构成了赋能动作。我们在判断赋能动作的状态时，必须考虑游戏对象（不包括其中无行动能力的对象）的功能或其可行动性（actionality）。这一动作类型明显与上文探讨的“故事中的操作者动作”截然对立。

我或许应该强调，虽然很多赋能动作都在游戏中起关键作用，但它们与游戏叙事世界的关系并不稳定。事实上，游戏中许多赋能对象都通过某种技巧或伪装，无缝地与游戏世界相融，艾多·史坦称其为“隐喻式补丁”（metaphorically patched artifacts）[1]，就像《怪形》（*The Thing*）中作为游戏保存点（save stations）

---

① Eddo Stern, “A Touch of Medieval: Narrative, Magic and Computer Technology in Massively Multiplayer Computer Role-Playing Games,” http://www.eddostern.com/texts/Stern_TOME.html（accessed April 25, 2005）.

的录音机，或《半条命》中补充能量和电力的HEV充电站［甚至将赋能对象从它所在的世界抹除，就像《大逃亡》（*The Getaway*）中靠墙恢复能量的行为］。因此，《冒险》中的“xyzzy”指令将人物角色在基地之间传送，这一动作从技术上讲是故事外的机器动作，但其故事外状态却被游戏叙事所囊括，即在游戏的故事逻辑中，该指令是一个魔法咒语。因此，尽管这个动作本身在故事外部，该指令却在与游戏故事合作，并未对其产生威胁。同样的“xyzzy”逻辑也适用于《侠盗猎车手：罪恶都市》（*Grand Theft Auto: Vice City*）中的出租车，它在玩家的角色死亡后将其送返未完成的任务开头。这个穿越时空的虫洞揭示了一种常见的游戏张力，即游戏中的故事对象常被用来模糊故事内与故事外（但必要）游戏功能的界限。

除了祛能和赋能动作，还有一类故事外的机器动作较为重要，它们是从游戏内产生的机器式具身（machinic embodiments），基于游戏的形式施行自身的逻辑。比如，在“雅达利2600”版《太空侵略者》（*Space Invaders*）中，外星人的图形设计就是1字节数据（相当于8位元组）的直观具身形态，外星人被再现为8个点亮或熄灭的像素点，它们只是一个个相互堆叠的字节条[①]，是被形象化的数学。

在红白机（NES）版的《超级马力欧兄弟》中，马力欧的形状和大小不仅取决于设计师的艺术意图或叙事逻辑，还取决于驱动游戏的8位6502微芯片的设计规格。这种芯片每次只能将一定数量的颜色写入红白机屏幕，因而马力欧的人物设计同样遵循机器的逻辑，只能使用特定色板上的某些颜色。但这并不仅是对游戏中微观存在的宏观决定，信息学逻辑也在影响某些游戏动作的性质。比如，多线程和对象导向（object-oriented）的编程为游戏能再现某些形式创造了可行条件。在《紧急状态》（*State of Emergency*）中，群体的暴动效果是游戏根据玩家游玩进程执行的形式动作，并被巧妙地融入游戏的叙事之中。然而，游戏中暴动群体的形式在本质上仍处于故事外部，因为它主要产生于当下的信息学逻辑［如涌现（emergence）、社交网络、人工生命等］，而非游戏叙事中的任何必要元素。叙事自身则被用于“解释”这种故事之外的力量，并将其融入故事情节（暴乱）。

---

① 约翰·西蒙（John Simon）1997年的互联网艺术作品*Every Icon*激活了影像制作中相同的机械逻辑。作品依序点亮并熄灭像素，在32×32像素的方形内绘制出全部可能的图像组合。因而，该作品的本质是将二进制转化为影像。

物质文化的其他转型（transformations）也可能以故事外的形式重新现身于游戏，我们不妨思考街机游戏和电脑或主机游戏之间的区别。街机通常被安装于公共场域，玩家需付费使用。电脑和主机游戏主要在家中运行，一经购买往往能免费使用。二者在物质上的差异使其以两种迥然的方式建构着游戏的叙事流：街机游戏通常围绕着玩家的生命数设计，而主机游戏则围绕着角色的健康值设计。比如，玩家为街机《吃豆人》投入一枚游戏币[①]能获得固定的生命数，而在《海豹突击队》（*SOCOM: U. S. Navy SEALs*）中，玩家则必须将角色的生命值保持在零以上来规避死亡。街机游戏的特点是更为量化的惩罚和制约：一枚游戏币等同于一定数量的生命。相比之下，主机和电脑游戏则基于质化资源的补给和耗尽，为玩家提供了更加流畅且连续的游戏体验。游戏保存点（save stations）通过主机和电脑媒介延伸了这种逻辑，从而生产出更加连续且不重复的游戏体验。在游戏历史的同一时刻，人们可能会将暂停动作的发明视为电子游戏的标准特质（街机游戏基本不存在暂停动作）。《超级马力欧兄

① 原文为 25 美分（a single quarter），为便于读者理解，此处将其意译为游戏币。——译者注

弟》起初作为街机游戏，之后则凭借家用游戏机红白机（Nintendo Entertainment System，NES）闻名，因而位于这两个故事外机器的具身形态之间。一方面，该游戏保留了街机形式中常见的“生命”概念；另一方面，《超级马力欧兄弟》中形形色色的增强功能，无疑赋予了角色个体更丰富的生命形态。马力欧的生命值在被彻底清零之前会经历多次增强或削弱，这是之后游戏“健康值”模式的雏形。《超级马力欧兄弟》并非使用这种模式的首款游戏，尽管如此，它仍是20世纪80年代早期到中期这种模式转向的代表。诸如《圣铠传说》（*Gauntlet*）等游戏则探索了一条截然相反的道路。它是一款颇受欢迎的街机游戏，但使用了一种新型技术，让玩家用游戏币购买健康值而非生命数。

故事外的机器动作可被定义为：能在游戏的内部与外部之间，在建构游戏核心之物和戳破游戏幻觉之物之间（“在游戏中”），产生生成式震荡（agitation）或语焉不详（ambiguity）的一切要素——热拉尔·热奈特将这种行为称为跨层（metalepsis）——德里达的“游戏”概念正是在这个意义上变得非常重要。生命数与健康值的差异（或8条字节符的外星人图形设计）并未影响街机游戏和早期家庭游戏的多元叙事，反而充分驱动着玩家的游玩体验。但在很多情况下，故事外的机器动作是“不可玩”的极致体现，这尤其可见于“乔迪”游戏极推崇的崩溃和延迟。尽管如此，我们无法规避故事外的机器动作与游戏/玩概念的交织关系。《合金装备》（*Metal Gear Solid*）与其中的反派“意念螳螂”（Psycho Mantis）共同促成了游戏内—外部的协同震荡。游戏反派具有强大的精神控制力，以至于其能量完全溢出了游戏机器的范畴，偶尔会制造出屏幕显示功能中断的模拟效果。“意念螳螂”还会利用其“通灵力”，在游戏中提及玩家玩过的其他游戏，这是一个小把戏，是通过偷偷扫描游戏主机存储卡内的所有文件实现的。此外，该游戏违背其故事幻觉的部分是要求玩家将游戏手柄从主机的端口一手动移至端口二，如此才能击败“意念螳螂”。这种短暂的“不可玩”状态并未破坏游戏体验，反而使其抵达了更高阶的游玩形式。即使玩家不相信“意念螳螂”真的具有通灵能力，此处故事外的机器动作（推进游戏需执行故事外的操作者动作）却仍然精确有效，因它遵循了德里达所称的“增补之环”（the loop of supplementarity）。叙事忠实遵循着环状逻辑，足以通过故事的断裂、玩家的短暂间离以及其安全返回游戏的过程，清晰阐释该环的往复逻辑。另几款叙事游戏（如《江湖本色》）也通过有意打破游戏的第四堵墙，呈现出类似的“意念螳螂时刻”。在一种由毒品促发的非常规状态下，角色潘恩（Payne）打破了游戏的故事空间，他眼中的自己与游戏世界中的提线木偶无异：

> 麦克斯的妻子（画外音）：你在电脑游戏中，麦克斯。
>
> 麦克斯（画外音）：我想知道这一切的真相，却只能诉诸脑中浮现的、燃烧的绿色裂缝。我能瞥见武器的统计数据在空中悬置，我无休止地重复射击的动作。为了使我酷炫的动作清晰可见，时间开始变得缓慢。我近乎偏执地感受到有人在控制我的每一步。*我在电脑游戏中*。可笑至极，这大概是我能想到的最可怕的事。[①]

我们可以观察第一人称射击游戏的界面，来进一步探索这种生成式的震荡。此处有两个层面的世界在发挥作用，它们似乎彼此矛盾且相互阻碍。其一

---

① Remedy，“Part Ⅲ，Prologue”，*Max Payne*（New York：Rockstar Games，2001）. 引文中的斜体为作者所加。

是具有体积的游戏世界，它在三维空间内延伸，充满变化，富有空间纵深和质感。其二是平视显示器（HUD），它建构于一个平面，覆盖在第一层世界的顶部。第二层世界不具有第一层世界的丰富性、动态运动或叙事幻觉（具有代表性的反例包括《银河战士Prime》）。与之相反，平视显示器以其静止和所呈现信息的永久性著称，它向操作者提供固定的或即时更新的信息。在德里达的语汇中，平视显示器是游戏所渲染的世界的增补。它虽建构了游戏世界，但却游走于游戏世界的外部，仅在表层将其建构，无法渗透其核心。平视显示器的二维性令人不适，但它将与游戏世界保持一种不可通约的关系，是游戏本身本质的隐喻。因此，故事外的机器动作之“玩”（play），调动着电子游戏中的各个符号层，显示器与其他的（媒介）形式一齐建构了游玩的过程。

我们应对震荡（agitation）的减弱或增强保持敏锐的觉察。在故事中的机器动作中，游玩的强度逐步减弱，直至达到某种平衡，但与此同时，游戏世界却充满着动作和能量。故事中的操作者动作也可以基于游玩强度或震荡的向量（vectors）来定义：游戏基于线性时间的展开向来不是平滑或一致的，而是恰恰相反，其中动作之震荡的幅度明显，它在某些时刻会显得平和安静，但在另一些时刻则可能充斥着运动与暴力。动作强度的差异通常会直接融入游戏，比如《侠盗猎魔》（*Manhunt*）中阴影与光线的对比，或是《光环》（*Halo*）中安全空间与敌对空间之间的张力。故事外的操作者动作［正如它在配置（configuration）方面相关的定义］同样涉及游戏中选项和数字的概率设定和本地校准（如《模拟人生》中人物的饥饿和能量值等参数的消耗与提升）。而且正如前文讨论的，故事外的机器动作关乎游戏各个层级中不同强度的震荡，包括二维和三维空间之间、不同层级的连通与断裂之间抑或游戏性的充盈与缺乏之间的震荡。游戏（的目标）总是从此处到彼处。一场游戏需要在不同阶段呈现空间和动作的差异，而非仅呈现为一组组抽象的锚点图谱。

将这四种时刻并置，人们可能会重新审视之前的图表，但它其实从很多方面看都不完整。为了使图表更加严谨，我们应同样思考多人游戏中操作者之间的关系，因为随着多名玩家的加入，游戏中“故事空间”的概念将变得十分复杂。同样，机器很可能从内部变得复杂，这样“游戏世界”就可以与驱动它的“游戏引擎”区分开来。然而，操作者在游戏中获得的能动体验在此通过游戏动作的四种不同时刻得以呈现。

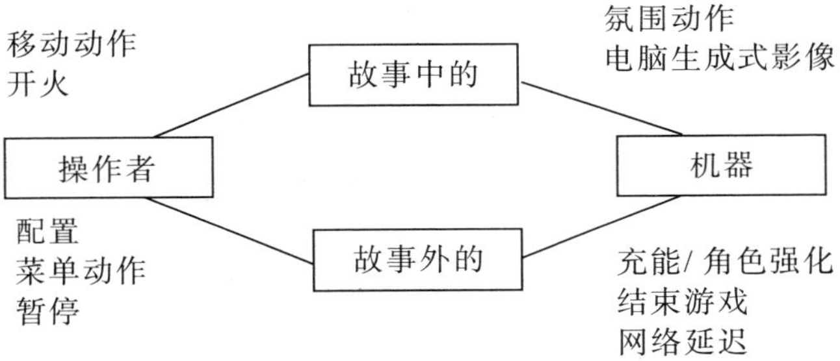

图2

我在提出电子游戏的阐释框架时，旨在尽可能地具有包容性。我刻意避免了一种老生常谈的假设，即电子游戏只是人们在电脑上玩的游戏。我不认同这种观点，它致使我们对电子游戏的理解单维且片面。我还尝试避免为游戏或叙事赋魅，这种倾向在相关研究中一贯存在。游戏的许多关键层面完全发生在游戏之外（比如设置游戏参数），或者外在于传统叙事（比如机器式具身）。因此，我提出电子游戏是复杂且能动的媒介，它可能同时涉及人类和计算机，也可能发生于故事空间之内或之外。

总之，我最初的假设是：电子游戏并不仅仅是图像、故事、游玩或游戏，而是动作（actions）。对此，我系统地概述了四部分内容来分析电子游戏中的动作：游戏的游玩是一个纯粹的过程，在与“故事中的机器动作”的共振中变得可感；它同样是一种主观算法，一种以“故事外的操作者动作”为形式被施加于游戏之内和之外的代码干预；它是一种游戏者的仪式行动（ritualistic dromenon），玩家被运送至想象中的游戏场域，并以“故事中的操作者动作”的形式现身；它是结构的游戏，是通过“故事外的机器动作”在游戏内部和外部之间发生的生成式震荡（generative agitation）。如果为游戏动作的第一个时刻找一个类比方式，它就是纯物质的生命能力，即机械门；第二个时刻则是思想之外的政治干预、黑客攻击与批判；第三个时刻是欲望、乌托邦和社会；第四个则是书写（écriture）、增补和新型。这是游戏动作的四个时刻或四条建议，它们绝不应仅被视为电子游戏的固定“规则”，而是恰恰相反，我们通过检验这些游戏时刻厘清其发展趋势。它们并非游戏动作的完美类别，而是在媒介物质特性分析的基础上进行的一次观察。

表1　游戏动作

游戏动作类型	范畴	动作塑造	动作特征	代表游戏
故事中的机器动作	氛围动作、引擎电影	进程	信息的、氛围的	《古堡迷踪》《神秘岛》《莎木》
故事外的操作者动作	配置动作、设定动作	算法	拟像、物质	《魔兽争霸Ⅲ》、《微软模拟飞行》(*Microsoft Flight Simulator*)、《最终幻想X》
故事中的操作者动作	移动动作、表达动作	玩	基于规则、个别的	《铁拳》(*Tekken*)、《银河战士Prime》、《半条命》
故事外的机器动作	祛能动作、赋能动作、机器式具身	代码	群、模式化、相关性	《舞蹈革命》(*Dance Dance Revolution*)、*SOD*、《紧急状态》

第二章 第一人称射击游戏的起源

特定媒介的出现源于某物开始停止自我再现的历史时刻。福柯在其为数不多的美学探索中写道："戏剧将一系列彼此陌生的空间接连搬演至矩形的舞台，电影因而是一间奇怪的'矩形屋'，我们通过其本质，在二维的银幕上看到了被投射的三维空间的幻觉。"[①]电影院是一个复杂的集合场，包含着多个看似无法通约的媒介空间：我们利用这处三维空间观看二维平面，后者又再现着另一处三维空间的幻觉。与之相似，电影现今正与另一种看似无法通约的媒介——电子游戏——紧密相关，二者的不同不亚于二维与三维之间的差异。然而，现在有一种老生常谈的观点，认为电影正愈加向电子游戏倾斜，这究竟意味着什么？时至今日，电子游戏正和电影以一种崭新的方式相互影响并彼此融合。列夫·马诺维奇通过他称为"视觉

① Michel Foucault, "Of Other Spaces," *Diacritics* 16, no.1 (Spring 1986): 25.

自动化”（automation of sight）的历史转型指出，在步入数字时代后，摄影机如何采取了愈加机器化的凝视视角。[①] 我们可以通过《战栗空间》（*Panic Room*）中静观式、无生命感的追踪镜头或《黑客帝国》（*The Matrix*）中的数字特效亲历这一转型，后者因看上去和电子游戏太过接近而常被诟病。

但是，若我们暂且忽略电影制作中令人眼花缭乱的数字特效，还可以使用一种更加简洁的视觉技巧，来检验电影和游戏如何构成相似但截然不同的媒介形式：使用第一人称的主观镜头视角（first-person subjective camera angle）。我想通过以下方面来探讨这一转向：在电影中，主观视角通常是位于边缘的镜头类型，主要被用于营造一种疏远、神游（detachment）、恐惧或暴力感；但它在游戏中却十分常见，能在游玩过程中实现直观的运动和行动感。我的这种观点肯定会让一些读者不悦，所以我在深入探讨之前，会先进行部分概念的辨析。

---

① 参见Lev Manovich，“The Automation of Sight：From Photography to Computer Vision，” in *Electronic Culture*（New York：Aperture，1996），229-239。

主观镜头

一般来说，电影技术涉及角色的动作布置和电影设备元素的动作记录。保罗·威尔曼（Paul Willemen）在文章《第四种观看》（“The Fourth Look”）中描述了经典电影场景中通常存在的几种视线：摄影机的观看、观众的观看、角色之间在故事中的观看以及第四种观看——“角色对观众的观看”。[①] 在古典好莱坞风格中，前两种观看通常从属于第三种类别，第四种观看则通常被规避，因为它迫使观众直面自己窥视时所处的位置。[②] 然而，上述的四种观看类型有时也并非泾渭分明，摄影机和单个角色的观看偶尔被缝合在一起，这使摄影机的镜头和人物的眼睛合二为一，同样产生了一种效果极端的第一人称主观镜头，摄影机像被安置于角色的脖子上，对其观看进行摇摄和跟拍。当摄影机与影像中人物的身体融合时，观众的所见就恰好

---

① 参见Paul Willemen，*Looks and Frictions*（Indianapolis：Indiana University Press，1994）。

② 更多关于第四种观看的表述，参见Marc Vernet，“The Look at the Camera，” *Cinema Journal* 28，no.2（Winter 1989）：48-63。

为角色的所见，仿佛摄影机之“眼”正是角色之眼，摄影机在视觉和主观性上都与所拍摄的角色相融。从某种意义上说，这种类型的第一人称镜头在空间上与威尔曼的第四种观看相对。它们就像两个向量，一个指向外部，一个指向内部，二者构成了从观众之眼向外部延伸的巨型轴线。轴线穿透银幕，进入电影的叙事，而后返回。这条轴线为电影创作制造了很多壁垒。每当使用这两种视角时，就会产生一种存疑的视角形式（我将在后文详述），以至于电影人要大量规避前两种类型的观看镜头。

我认为有必要来强调主观镜头（摄影机模拟所摄人物之眼实际看到的事物）和普遍意义上的视点镜头（POV shot）之间的区别。视点镜头会再现人物大致能看到的东西，它们或多或少地基于角色的视角呈现其所见。然而，主观镜头则意味着在心理和情感层面呈现角色之所见。换言之，前者通常悬停于和角色大致相同的叙事位置，但后者则将自己精准定位于角色的头骨内。因此，这两种镜头的差异不在于观看类型，而在于观看程度。

视点镜头最常见的呈现方式是使用一组正反打镜头，即首先展示角色正在观看某物的镜头，接着将摄影机切换至角色的视点镜头，展现其观看的内容。在正反打镜头中，导演对所摄角色进行正确的视线匹配，来为观众创造出连贯的视觉空间的幻觉。视点镜头仅与所摄角色的视觉相近，并非对它的精确再现，因为它在任何生理或主观意义上都不同于人类的视觉经验。如果它是一种精确再现，就不会静止不动，而是会四处瞟动；它同样会因人的眨眼、视线的模糊、（镜片上的）斑点、流泪等要素产生中断。在传统的电影创作中，视点镜头不免会忽略人的视觉生理学，它是一种替代的视角，即与角色视线方向相同的镜头。因此，它实际上更贴近摄影机在三脚架上的视角，而非角色的真实视觉。视点镜头是抽象的，是所摄角色视觉的替代式影像。它假装自己产生于角色的视角，是基于人物所处的位置拍摄所得，但并未真正呈现透过人物之眼看到的景象，即被眨眼、模糊和抖动打断的视觉经验，更遑论呈现具有纯粹主观性的视觉景象。

另一种用法是“遮罩视点”镜头，通常被用于模仿双目的视觉效果，或是人物透过望远镜、相机或锁孔等装置的观看经验。由于这类画面的边缘被曲形的黑色遮罩遮挡，观众很容易觉察这类镜头。电影人利用镜头边缘的遮罩说明：观众看到的正是角色通过他/她的眼睛看到的。因此，这类镜头在时长上通常很短，用于简单地向观众提供主观镜头的视觉证据。但它们与主观镜头的关系十分脆弱，因为电影中的双目镜头未能准确捕捉人通过望远镜等双目观看装置观看的真实效果，也就是说，在人类视觉中，透过两个目镜看到的图像会叠合成一个圆。此外，由于真实的人类视觉经验并不以整洁的、矩形的宽高比形式呈现，我们实际上从未在视线的边界看到黑色区域。横向的8字形遮罩是电影能模拟的最接近人类双目视觉的方式。因此，电影中的双目镜头仅是一种能表征人类双目观看的视觉符号，而非真实或有效的替代镜头。

这类视觉证据的搜集在电影中向来十分关键。具体来说，视点镜头通常被用于向观众呈现电影叙事中必要的信息，双目镜头几乎总是被用于向观众传达某种视觉事实。信件、电报和笔记也是如此，比如在《卡萨布兰卡》(*Casablanca*)中，伊尔莎的告别信被贴平在银幕上供观众阅读，之后镜头通过转场至一阵大雨来返回故事空间。这些镜头是默片时代中字幕卡传统的延续，它们介于视点镜头和主观镜头之间。如安东尼奥尼的《放大》(*Blow-Up*)、希区柯克的《后窗》(*Rear Window*)或格林纳威的《绘图师的合约》(*The Draughtsman's Contract*)等电影都仰赖这类视觉证据的整合和分析。此外，还有聚焦于声音信息的电影，比如德·帕尔玛的《凶线》(*Blow Out*)或科波拉的《窃听大阴谋》(*The Conversation*)，以及黑泽明的《罗生门》(*Rashomon*)中关注的记忆证据，甚至如《古堡迷踪》等电子游戏中的证据性凝视。这恰如格蕾丝·凯利(Grace Kelly)在《后窗》叙事转折处的一句台词:"告诉我你看到的一切……以及你所认定的它的意涵。"

但一些电影批评使我们对视点镜头的探讨变得更加复杂，比如詹姆逊的这段评论：

> 从最严格的意义来说，"视点"确为通过角色的眼睛去看，正如德尔默·戴夫斯(Delmar Daves)的《逃狱雪冤》(*Dark Passage*，1947)或罗伯特·蒙哥马利(Robert Montgomery)的《湖上艳尸》(*Lady in the Lake*)。[1]

或者像大卫·波德维尔与其合著者指出的，很少

① Fredric Jameson，*Signatures of the Visible*(New York：Routledge，1992)，112.

有电影使用单一角色的视角展开叙事，更遑论使用单一角色的主观视角了：

> 如果我们将主观视角认定为*视觉上*（optical）的主观性，那么就没有一部古典电影完全将镜头视角限定在角色所见的范围内，哪怕是备受推崇但无法被正确读解的《湖上艳尸》（1947）。如果我们将角色了解的事物同样囊括至主观视角的范畴，也鲜能发现合适的古典电影……古典电影通常包含一些主观视角镜头（通常呈现的是人物阅读的印刷品），但它们被牢牢锚定于一个"客观"的参考框架。[①]

我将详述这种假装从属于特定角色的视角镜头的类型，即主观镜头（subjective shot）。主观镜头和视点镜头相似，发生在两种视线（摄影机和特定角色的视线）合而为一的时刻，但其对人类实际视觉的物理模仿更显极端，因为它们假装在通过特定角色的眼睛向外观看，而非仅仅基于相似的视角。因此，主观镜头更加不稳定，存在更多的俯仰与摇晃，或是模拟人眼被

① David Bordwell, Janet Staiger, and Kristin Thompson, *The Classical Hollywood Cinema*（New York: Columbia University Press, 1985), 31-32.

光线刺伤或模糊的效果。在影像叙事中，这类镜头经常在其他角色直接看向摄影机讲话时（为了向观众营造摄影机实际上是另一人物的幻觉）触发威尔曼口中的“第四种观看”。正如詹姆逊指出，主观镜头是被边缘化的。我可以大致给出他之所以这么认为的两个原因：其一，这类镜头在电影制作的媒材层面位居边缘，它们在电影制片装置中鲜有出现；其二，它们在美学维度同样位处边缘，因为其只能再现特定情绪和情境。

詹姆逊和波德维尔都认为，罗伯特·蒙哥马利的黑色实验电影《湖上艳尸》是早期充分建立主观镜头使用范式的电影。[①] 在这部电影中，摄影机与主角马洛的视角融为一体。电影中几乎所有的镜头都通过模拟马洛的视角拍摄而成。因此，好莱坞经典的正反打镜头、连续性剪辑等创作传统均被抛弃，以促成一种具有实验色彩的新型创作形式，即两种“视线”的融

---

① 对早期电影中视点镜头和主观镜头的探讨，可参见Bordwell et al., *The Classical Hollywood Cinema*，32-33。泰洛特（J. P. Telotte）指出，1944 年的电影《爱人谋杀》比《湖上艳尸》更早使用了主观镜头，奥逊·威尔斯（Orson Welles）的未竟计划《黑暗之心》同样计划用主观镜头拍摄。参见Telotte，*Voices in the Dark: The Narrative Patterns of Film Noir*（Urbana：University of Illinois Press，1989），104。

合。这部电影尝试再现人物的实时移动，但我们仍能发现其中精心隐藏的省略和剪辑，因而这种运动不是真的。尽管如此，正如马洛在所处世界中亲历了案件一样，观众也目睹了这一事件，影像成为证据。（事实上，这部电影在临结尾处使用了一种视觉技巧，让观众作为马洛，在逃脱邪恶警察的构陷后，躲在树林中看着另两位警察逐步走近。那个邪恶警察自然难以相信观众会拥有这种视角，因为他无权获得由观众独享的特殊视线的融合。）

但是，《湖上艳尸》的这场视觉实验使观众在角色认同上变得困难。当时的影评人认为主观镜头不过是一个“花招”，是“有缺陷”的。帕斯卡尔·博尼策（Pascal Bonitzer）指出，主观镜头“并不迷人，反而使人感到疲惫”[①]。[20 世纪 50 年代早期的警察剧《便衣警察》（*The Plainclothesman*）采用了相似的创作构想，但比《湖上艳尸》更受好评。] 由于每当观众借用马洛的视角观看时，马洛也同时现身银幕——他现于镜中，或是在吸烟，或是在爬行，抑或被亲吻——

① 博尼策继续说道：“（电影）有一种误解，它未能理解摄影机实际操纵的并非主体的位置，而是他者的位置。”Bonitzer, “Partial Vision: Film and the Labyrinth,” *Wide Angle* 4, no.4（1981）: 58.

主观镜头的幻觉由此被打破，观众也一再被提醒，摄影机镜头未能充分和马洛的视角相融。观众因而被困于一场失败的形式实验中，电影装置和观众视角的缝合遭到损耗。泰洛特描述了电影超然如梦境的特质，在这类电影中，观众的化身（马洛）既在行动，又在观察自己的行动：

> 随着电影的开场，马洛成为影像场内的唯一对象，他评述了自己的侦探身份。我们通过无处不在的主观镜头，通过他的在场获得影像的化身，他也成为大部分叙事时间中的“缺席”之物（但马洛的在场却一再被强调，比如他在镜中的反射，或瞄准他缺席身体的枪口，这使他的缺席变得更加明显），成为我们在整部影片中不断寻找的对象。当我们既在行动，又在观察自己的行动时，电影给予观众的难以捉摸的神游感，自然使电影具有了梦境体验的特质。[①]

电影《逃狱雪冤》前一个小时的内容让观众体认到和《湖上艳尸》相似的神游感与幽闭感，并且同样

① J. P. Telotte, “The Detective as Dreamer: The Case of *The Lady in the Lake*,” *Journal of Popular Film and Television* 12, no.1 (Spring 1984): 13.

难以对其中的角色产生认同。其中，由亨弗莱·鲍嘉（Humphrey Bogart）饰演的主角以第一人称的方式行动并讲话。但在《逃狱雪冤》中，主体视角只是一种叙事策略，正如鲍嘉的面孔在出租车桥段中被有意置于阴影之下。电影的第一部分是一种影像技巧，其目的是避免展示鲍嘉手术之前的面孔，在这种意义上，它比《湖上艳尸》更受叙事驱动。但随着整形手术的完成，主观镜头也结束了，电影回归至古典好莱坞的拍摄传统，似乎只有手术刀才能使这部电影脱离主观镜头的视角。

虽然《湖上艳尸》和《逃狱雪冤》是探讨主观镜头的生动个案，但它们无法代表使用主观镜头的大多数电影。爱德华·布兰尼根（Edward Branigan）是这方面的权威，他将视点镜头和主观镜头（他称之为“感知”镜头）进行比照，指出二者的区别在于，前者相对清晰，后者则对观众的观看制造了阻碍：

> 对于角色的*目光*（sight）来说，重要的不在于角色看到了什么，而是他/她在观看时遭遇了阻碍。这类镜头不再现角色瞥见的外部对象，也不呈现角色的情绪状态，它揭示视觉本身。角色目光的这一特征在感知（如主观）结构中得到发掘，

> 它与视点镜头结构的差别主要体现在这一方面：视点镜头不模拟角色的心理状态，角色只是简单"在场"，但在感知（如主观）镜头中，呈现人物视觉的视点镜头同样被施加（added）了另一种符码，再现着角色的心理状态。[1]

因此，为了便于对主观镜头进行更深入的分析，我还想阐明自己对它的两点观察。首先，视点镜头在电影中随处可见，但主观镜头在剧情片中则鲜有出现。尽管《湖上艳尸》和《逃狱雪冤》使用了大量主观镜头，但大多数的叙事电影通常避免使用这类镜头，只有在极特殊的情况下，为了获得特定的效果才会加以使用。其次，电影通常使用主观镜头指涉某种负面视角，这正是布兰尼根所称的"阻碍"。它有时被呈现为邪恶的或非人的视线，或仅被用来模拟人物内心特定的异化（alienation）或神游时刻，其他的镜

---

① Edward Branigan, *Point of View in the Cinema*（New York: Mouton, 1984）, 80. 关于电影创作对主观镜头的不同使用方式，参见Bruce Kawin, *Mindscreen: Bergman, Godard, and First-Person Film*（Princeton: Princeton University Press, 1978）。关于纪录片对这些问题的探讨，参见Barry Grant, "Point of View and Spectator Position in Wiseman's *Primate and Meat*," *Wide Angle* 13, no.2（April 1999）: 56-67。

头风格很难比主观镜头更适合呈现此类心绪。当然也有例外，比如《特技替身》（*The Stunt Man*）的开篇，彼得·奥图尔（Peter O'Toole）视角下被咬过的苹果的镜头中，不存在非人或邪恶之物，但这段影像一闪而过，无法产生过多的电影效果。同样，《玩尽杀绝》（*Wild Things*）在开篇使用了第一人称的斯坦尼康镜头，但只是为了向观众预示整部电影的曲折和反转。尽管如此，我还是希望在下文指出，主流剧情片中使用的绝大多数主观镜头，都给予观众一种神游感。

心理情感

主观镜头最常被用于展示人物角色在吸毒、昏沉、醉酒或中毒状态下的视觉状态。[①] 塞缪尔·富勒

① 本部分应该囊括对梦境片段更加深入的探讨。关于这方面的更多内容，可参阅R.T. Eberwein, "The Filmic Dream and Point of View," *Literature/Film Quarterly* 8, no.3（1980）。我通常不想分析梦境场景，主要是因为虽然电影对梦境的表现经常使用主观镜头，但梦境通常是角色脑海中附加的、想象的叙事区域。梦境片段确为主观，但它们并不真实存在，因而与其他类型的场景不同，无法被相同的形式逻辑约束。目前，读者应将电影中的梦境置于"心理情感"的范畴。

（Samuel Fulle）在《裸吻》（*The Naked Kiss*）的开篇使用了这种类型的主观镜头。其中，凯莉［康斯坦丝·陶尔斯（Constance Towers）饰］不断击打着对面醉酒的男性。这段镜头是从对面男性的主体视角拍摄的，他醉醺醺地回望她，并在醉酒的昏沉状态中被击晕。该片段使用主观镜头来呈现暴力，令观众感到不安，不仅在模仿男性的醉酒状态，也表现出凯莉的尖刻。《苏利文的旅行》（*Sullivan's Travels*）中的法庭场景以相似的方式使用了主观镜头。其中，约翰·苏利文［乔尔·麦克雷（Joel McCrea）饰］因头部受伤变得神志不清。摄影机用第一人称的视角拍摄，在此基础上使用滤镜，使画面变得模糊不清，旨在模仿人物遭受的心理创伤，因为摄影机视觉的混乱近似于人物身体承受的伤痛。同样，在电影《黑水仙》（*Black Narcissus*）中，为了表现修女露丝圣女思凡的时刻，导演使用了一个充斥着红光的主观镜头。接着，摄影机失控地俯冲至地面，在她晕倒后，镜头充盈着象征圣洁的蓝。此处的主观镜头将露丝因欲望而迷醉的生理状态传达给观众。此外，在希区柯克的《美人计》（*Notorious*）中，当艾丽西亚逐渐被强制摄入的麻醉剂迷昏时，画面切换至她的主观镜头，通过扭曲、模糊的景象，再现她的视觉谵妄。电影中艾丽西亚醉酒驾车的片段也使用了相似的表现方式，只不过此处模糊其视线的是酒精和被风吹乱的头发，而不是麻醉剂。希区柯克在《爱德华大夫》（*Spellbound*）中做了相同的处理：基于J. B. 视角的主观镜头透过玻璃杯再现了他饮下掺有溴化物的牛奶的视点，这是为了将镜头从精神病患者的恍惚神情，转场至人物被药物诱导的沉睡。

神游或间离（Detachment or Distancing）

在现当代的电影作品中，《成为约翰·马尔科维奇》（*Being John Malkovich*）使用了大量主观镜头。在此，主观镜头不是为了再现人物醉酒后的视觉特征，而是再现魂魄离开身体、进入他人大脑时随之产生的无实体感。[这部电影模仿了《性爱宝典》（*Everything You Always Wanted to Know About Sex * But Were Afraid to Ask*）结尾处使用的技巧，借由他人的身体见证了一段浪漫逸事。] 主观镜头再现了人物在彻底的生理转变后产生的身份认同的混乱。在电影中，形似双筒望远镜的黑色椭圆形遮罩暗示着主观镜头的出现，遮罩覆盖着画面边缘。在此基础上频繁使用的广角镜头，同样为画面增添了眩晕感。由于影片叙事基于木偶戏的形式，其中对主观镜头的使用无疑作为一种隐喻，即人物受制于他人，无法掌控自身的行动。在《湖上艳尸》中，观众对马洛的肢体动作感到不适，因而难以对其产生身份认同。与之相似，《成为约翰·马尔科维奇》的观众同样被导演抛至一段和电影叙事的僵化关系中，但我们猜测，这正是电影试图表达的关键所在。如果前述电影中的主观镜头很难让观众对角色产生身份认同，那这恰恰就成为《成为约翰·马尔科维奇》使用这类镜头的原因，即用它来间离观众。这部电影本质上传达了一种信息：观众在第一人称视角下化身一只木偶，变得无力且无助，受制于木偶师在物理和心理方面的异想。影片同样使用主观镜头呈现黑猩猩伊莱贾（Elijah）的记忆闪回，再次强调了主体的“木偶性”。影片中柔弱的幼年黑猩猩几乎不具有能动性，因而十分适合使用主观镜头拍摄。电影的视觉语言让观众相信，成为马尔科维奇和成为黑猩猩伊莱贾或其他任何东西别无二致。

也有些电影使用主观镜头来再现一种神游或间离感。《托马斯之爱》（*Thomas in Love*）与《湖上艳尸》

一样，使用主观镜头拍摄全片［不论是为了真切再现主角的旷野恐惧症（agoraphobia），还是在美学层面呈现遍布的监控影像，都使用了主观镜头］，营造出一种神游或间离感。在《毕业生》（*The Graduate*）中，导演使用第一人称的主体视角来再现本·布雷多克［达斯汀·霍夫曼（Dustin Hoffman）饰］的心理状态，他身着全套潜水装备，因父母的强烈鼓动，在其朋友面前进行“表演”，此处的主观镜头再现了他此刻的无力和恍惚。在主角入水的时刻，电影的声音明显被处理过，画面中的场面调度（mise-en-scène）同时让位于水下被柔化的影像色彩。这种观看方式让观众感到陌生，是一种压抑的、去中心化的观看形式。同样，在《乖仔也疯狂》（*Risky Business*）中，主观镜头被用于削弱主角，展示其最无能为力的时刻，即觉察到自己受制于父母的资助与庇护。很多电影发扬并强调了这种创作方式。比如，《惊曝内幕》（*The Insider*）开篇呈现了一段被纱布蒙住双眼的主观镜头，旨在将观众置于无措甚至惊惧的状态。在《关于我母亲的一切》（*All about My Mother*）中，电影使用主观镜头呈现儿子被车撞击的场景。同样，斯坦利·多南（Stanley Donen）在电影《谜中谜》（*Charade*）的开篇，选择使用主观镜头拍摄停尸房的桥段，他采用了一种不常见的视点，模拟尸体向上方观看的景象。钢制的棺壁从三个方向将画面框住，这种处理加之向后运动的跟随镜头，使观众感受到鲜明的幽闭恐惧与无助。希区柯克同样使用了这种创作方式。在《谍魂》(*Topaz*)中，胡安妮塔从楼梯走下，直面闯入她住所的士兵。随后，希区柯克迅速切换镜头，将镜头对准胡安妮塔的眼睛，暗示她即将死去。紧接着是整部影片最重要的镜头——一个呈现她已死躯体的高位镜头，她紫色的衣服像血泊一样向外流动。这个视点是希区柯克臻于完善的，也是人类肉眼永远无法获得的观看体验。这两个镜头彼此对位，似乎只有楼梯上方被异化的主观镜头，才足以向观众呈现这场悲恸的谋杀。那一刻，胡安妮塔的第一人称视角是已死的视角，它使场景中充斥着恐惧和疏离。

《谍魂》中的主观镜头象征着某种疏离与异化，但它在希区柯克的电影中则通常指涉着一以贯之的惊悚。在《三十九级台阶》(*The 39 Steps*)中，当安娜贝拉的死讯首次在火车车厢揭示时，希区柯克选择用主观镜头向观众传达惊惧和不祥的预示。在《迷魂记》(*Vertigo*)中，其对恐高症的影像化再现（一个俯拍的滑动变焦镜头）也是一种主观镜头，被用于模仿恐高症患者因眩晕而感知的极度恐惧和方向迷失。《女巫布莱尔》(*The Blair Witch Project*)同样使用了类似的主观镜头，只不过其中导致人物眩晕的并非高度，而是害怕迷失的恐慌。这部电影发明了一种有趣的“便携摄影机式主观镜头”(camcorder subjectivity)。虽然它在严格意义上不属于主观镜头，但与主观镜头的作用相似，能增强人物方向的迷失感和恐慌感。

罪犯与怪物

及至目前，我探讨了用主观镜头呈现电影中大多数角色的方式。在上述主观镜头中，人物可能正处于醉酒、惊惧或其他迷乱的状态，但总体而言，均在呈现特定的人类感知。然而，这些案例无法囊括电影使用主观镜头的大多数情况。电影中最多的主观镜头用于呈现外星人、罪犯、怪物或非人角色的视觉。由此，恐怖片相对频繁地使用这类镜头也就不足为奇了。从早期的科幻怪物电影《宇宙访客》(*It Came from Outer Space*)，到具有开创性的恐怖电影《惊魂记》(*Psycho*)或《月光光心慌慌》(*Halloween*)，再到晚近的《见鬼》（*The Eye*），第一人称的主观镜头被用来呈现卡罗尔·克洛弗（Carol Clover）所称的“掠夺性”（predatory）或“攻击性”（assaultive）视觉，即以人物攻击性的动作、镜头的前移运动和银幕暴力为特征的虐待式的观看方式。克洛弗写道：“通过第一人称视角进行掠夺性凝视（predatory gazing）是恐怖片的惯用伎俩。”①《沉默的羔羊》（*The Silence of the Lambs*）就使用了这类掠夺性视觉。导演使用主观镜头来表现连环杀手“水牛比尔”［又名詹姆·古姆（Jame Gumb）］在影片结尾用夜视镜观看的视角，向观众呈现了未被规训的嗜血罪犯的视觉效果。而电影《大白鲨》（*Jaws*）和《异形》（*Alien*）都只将主观镜头用作怪物杀手的视觉化身，其中的第一人称视角指向跟踪、掠夺与杀戮的视觉。这种观看方式也常被用于以血腥为卖点的“砍杀电影”（slasher movies），比如《十三号星期五》（*Friday the 13th*，或《月光光心慌慌》），用来呈现杀手的真实视角。布莱恩·德·帕尔玛（Brian De Palma）在《越战创伤》（*Casualties of War*）中使用这种视角建构了一处场景。其中，一个未知的袭击者正在跟踪一名士兵，

① Carol J. Clover, “The Eye of Horror,” in *Viewing Positions: Ways of Seeing Film*, ed. Linda Williams (New Brunswick: Rutgers University Press, 1995), 193.

想在背后用手榴弹杀死他。德·帕尔玛之后在《碟中谍》(*Mission: Impossible*)中再次使用了这种技巧，在电影的前20分钟频繁使用第一人称的主观镜头，使之具象为一种可怖的人物创伤，同时为电影在正式开始前就肃清了除主角外的全部人物赋予了一定的合理性。德·帕尔玛此前也使用过这种创作技巧，比如在《凶线》开篇使用持刀精神病患者的第一人称视角。德·帕尔玛借鉴了《湖上艳尸》，使用镜子向观众呈现角色在第一人称视角下观看自身的情景，这类镜头在这两部电影中都建构了一个奇怪的时刻。这种观看方式在剧情片创作中鲜有出现，观众因而不能完全适应在第一人称视角下观看，更遑论在镜中看到自己正在以第一人称视角观看了。

希区柯克的《后窗》充分呈现了视点镜头和主观镜头的融合。《后窗》的大多数评论都谈到其中充满了视点镜头，但实际上，整部电影的叙事驱力，连同其诗性的内涵，都在围绕观看(watching)、被观看(being watched)、看见(seeing)与认同(identifying)的多个观看维度展开。[①] 因此，尽管视点镜头在电影创

① 比如参见R. Barton Palmer, "The Metafictional Hitchcock: The Experience of Viewing and the Viewing of Experience in *Rear Window* and *Psycho*," *Cinema Journal* 25, no.2 (Winter 1986): 4-19。

作中十分关键，但导演在特定情况下也需使用主观镜头，比如凯利出场时对其肖像的柔焦处理。这个镜头既非掠夺性的，也非怪物式的，但它确有一种令人困惑的梦幻质感，再现了杰弗里彼时的心理状态。电影近结尾处的主观镜头开始现出恐怖感，被用来再现杀手在一次次闪光灯照明后的短暂失明。导演使用了一个占据画面的红色光圈再现人物的失明状态，展现杀手的视角。那一刻，销售员的观看与《大白鲨》中鲨鱼噬人的主观镜头或是《沉默的羔羊》中“水牛比尔”的夜视镜视点无异。在《后窗》中，由于希区柯克需要观众在生理层面真切“看到”杀手之所见，此处就必须（must）使用主观镜头，因为使用视点镜头无须在镜头上叠加红色光效，它没必要假装在模仿人类的实际视点。视点镜头不指涉阴险的意涵（它常在电影轻快的氛围中出现），但主观镜头则携有暗黑或谋杀的意味。因而当希区柯克选择使用主观镜头时，他就创生出一段在形式上产生情动（affected）的影像，透过杀手之眼看向外部。

在此意义上，我们能轻易觉察主观镜头和“虐杀电影”（snuff film）之间的亲缘关系，二者均呈现了影像的掠夺性视觉和人物主体的消极凝视。《偷窥狂》(*Peeping Tom*)大概是这种关系的最佳例证，电影通过使用主观镜头，将银幕上发生的事件与观众消极的观看位置相关联。《神秘眼》(*The Eyes of Laura Mars*)或较晚近的《末世纪暴潮》(*Strange Days*)也做了相似的处理。在《末世纪暴潮》的某个第一人称镜头中，伦尼[拉尔夫·费因斯(Ralph Fiennes)饰]在第一视角下，于镜中显露自身(这种形式便于导演隐藏摄影机)。费思[朱丽叶特·刘易斯(Juliette Lewis)饰]询问观众："你想看吗？或是想去做吗？"这是对主体凝视之能力的怀疑，同时将剧中人物和观众牵涉其中，因为双方深知，电影中的主观镜头注定无法行动(doing)，它只作为无法掌控自身的摄影机的消极记录/回放，这自然是电影能给出的最佳方案。

计算机

行文至此，我们谈到主观镜头常被用来再现人的迷醉状态和怪物的杀戮过程，但主观镜头或许最适用于再现一种计算机化、控制论的或机械的视觉

[或者如“智能炸弹”(smart bomb)视角的追踪镜头，它正是(is)机械视觉]。詹姆斯·卡梅隆(James Cameron)为了强调赛博格生物的视觉皮层具有类计算机和人工的特性，在《终结者》(*The Terminator*)中使用了四个镜头，将终结者的视点和摄影机镜头相融合。其中，第一个主观镜头紧接“黑色科技”(TechNoir)夜店的枪战片段，表现为几段低分辨率的影像。画面仅由黑和橙两种颜色构成，终结者的主体视角上叠加了射击的瞄准线和一行行计算机数据。这段主观镜头很短，导演在几秒钟后就断开了摄影机之眼和终结者主体的联结。卡梅隆在电影的其他三个主观镜头(袭击警局、汽车旅馆藏身处吠叫的狗以及电影近结尾处的油罐车片段)中使用了相同的视觉风格来指涉视线的融合。计算机的数据解析、图表、图示、闪烁的光标和滚动的文本等要素，都为终结者的形象镀上了一层计算机的光晕。[很多电影同样采纳了这种创作技巧，如《2001：太空漫游》(*2001*)中的计算机哈尔(HAL)，哈尔数字视角的拟真性在很大程度上得益于广角镜头的使用；或者如《妖夜慌踪》(*Lost Highway*)，其中大量主观镜头通过监视器视角向观众呈现，因而影像有意选择了一种具有颗粒感

的低分辨率影像，这种效果的作用是缓解主观镜头带给观众的视觉冲击。]

影片在赛博格旅馆藏身处的修理场景，揭示了终结者拥有特殊视效的缘由：他拥有机器之眼，同时囊括了镜头、光圈和影像记录的机制。因此，终结者的视觉装置和电影装置非常相似，两种视角的融合同样因机器与机器的嵌套（摄影机拍摄终结者）变得理所应当。因此，当终结者死亡、他的红色眼睛归于暗淡时，电影也必须随之结束，因为它已失去将摄影机镜头与终结者之眼继续关联的合理性。

《机器战警》（*RoboCop*）则充满了对其科幻片前辈（《终结者》）的致敬和指涉，它优化了由《终结者》创生的视角融合的艺术。威尔曼的“第四种观看”在影像领域的应用率先可见于新闻播报和广告片创作。尽管“机器战警”是一台机器，但其身体的核心是人类（借由警察亚历克斯·墨菲的身体复活），电影必须谨慎处理摄影机身体和角色身体的融合。墨菲的肉体必须被率先摧毁——将其非人化（dehumanized）——之后观众才能通过他的机器之眼观看。影片通过暴徒的扫射抹除墨菲的肉体：他的手被炸飞，他被几十发子弹击中，随后被一枪爆头；他被遗弃，等待死亡。当墨菲被送往医院时，摄影机视角和墨菲的主观视角第一次相融。导演使用特写拍摄他的眼睛，但他死了，影像也由此消失，画面呈现了几秒黑场。

当影像苏醒时，摄影机成为（is）机器战警。影像呈现了视频而非电影的质感，它被铺上一层滤镜，以模仿机器战警计算机式的视觉：影像在垂直方向上暂时失去了稳定性，画面的静止使影像的分辨率降低，文本在屏幕上闪烁。当技术员命令“打开LED灯！”时，观众看到计算机化的网格叠加在画面上。这位技术员随即亲吻了机器战警的面罩，在银幕上留下一块模糊的红色印记。（此处的亲吻镜头比《湖上艳尸》更加合理，因为机器战警的视觉装置已经包含了一块玻璃面罩，这正是马洛的主观视角缺失的。）这些都是使用主观镜头拍摄的案例，其中的主观镜头都具有类计算机的视角。

随着电影的叙事逐步深入（机器战警作为执法机器，愈加受到民众欢迎），机器战警的主体视觉也变得愈加重要。在市政厅的人质桥段中，电影的客观镜头被机器战警“热成像”（Thermograph，一种用于透视墙壁的计算机视觉）式的主体视觉中断。热敏图像与清晰度折损的影像相叠合，使机器战警的视角更加贴近“机器人视觉”。

约翰·麦克蒂尔南（John McTiernan）的《铁血战士》（*Predator*）使用了类似的“热成像”效果来暗示摄影机镜头与“铁血战士”视角的融合。在《铁血战士》的关键时刻，观众看到了彩色的热敏图像，也就是铁血战士的实际视觉。在此意义上，《铁血战士》使用主观镜头的缘由与《大白鲨》及《异形》非常相似，只是在麦克蒂尔南的电影中，怪物的掠夺性视觉被计算机进一步强化。

《铁血战士》或《机器战警》对影像装置的巧妙祛魅，实际上再度强化了两个角色之主体视角的视觉精确性。观众不会不满于其所见的、被计算机增强的机器战警的视觉痕迹，因为这些痕迹（低分辨率的视频影像，被静态图像和计算机的媒介局限损耗了可见性）强化了对赛博格视觉的幻想。赛博格形式为第一人称视角下影像的情动提供了必要的前提条件。毕竟，机器战警是（is）机器人的视角，终结者也是，但马洛却不是。《湖上艳尸》之所以在这方面失败，并不是因为它没有做对，而是因为它出格的程度还不够。它尝试将摄影机身体与真实的人类身体相融，这在电影中是存疑的命题，但在如《机器战警》或《终结者》等电影中，摄影机与人造（artificial）身体的合并更加自然，因这具身体和电影的机械装置乃至数字媒体都更加相似。摄影机和赛博眼睛在肢体修复、机械性和视觉性方面的亲缘性，使二者的结合变得合理。这些影片在一定程度上标志着从电影到数字媒体，进而到电子游戏的审美转向。

上述影片都是使用主观镜头的经典案例。其中，第一人称的主观镜头主要被用于营造疏离、异化、神游或恐惧感。此外，这类镜头通常被用于再现罪犯、怪物或杀人机器的视觉。上述的分析表明，如果主体角色具有一定的“计算机性”，摄影机之眼和角色之眼的融合就会更加自然。也就是说，第一人称的主观镜头必须源于特定的角色，该角色已经由某种信息手段变得“计算机化”。此外，营造这一效果离不开计算机图像处理的表征：扫描线、数据输出、瞄准线、低分辨率的影像、即时反馈等等。换言之，电影创作若想偏离其经典的再现程式，就必须在技术上支配影像，即为它镀上一层技术光晕。

作为图像的行动

我在上文探讨了剧情片创作对主观镜头的使用，这是在叙事电影中较为罕见的镜头类型。下面我会专门聚焦于电子游戏中的主观镜头，它在电子游戏中往往和一种图像一齐出现，那就是武器。电子游戏具有多样的形式语法，但第一人称射击游戏（FPS）则具有特定的形式惯例。第一人称射击游戏产生于20世纪70年代，在90年代初由Id Software公司通过《德军总部3D》（*Wolfenstein 3D*）和《毁灭战士》（*Doom*）等游戏完善。首先，第一人称射击游戏在主观或第一人称的视角下运行，因而是电影中主观镜头的衍生品。和主观镜头同等重要的或许还包括玩家的武器（weapon），它通常出现在画面前景的右侧。对这类游戏更详尽的分析当然还包括平视显示器等要素，但为了简单起见，我仅聚焦于主观镜头视角和画面前景的武器这两个要素，我认为二者构成了这个游戏类型的影像核心。[但我也需强调，此处对第一人称射击游戏的视觉分析大多只涉及第一人称视角，也会在某些情况谈及第三人称视角。实时策略类、回合制角色扮演类（RPGs）或其他的游戏类型，则需要基于完全不同的视觉理论，我会在第四章略随性地探讨这些内容，不会过多涉及对视皮层（visual cortex）的探讨。]

或许不足为奇的是，第一人称射击游戏在视觉呈现上的经典范式，早在几十年前就已经出现在电影中。比如1925年，巴斯特·基顿（Buster Keaton）在《西行》（*Go West*）中使用了一个经典的主观镜头，与《大白鲨》一样，采用了动物捕食的视角。电影中出现的动物是一头狂奔的公牛，而公牛的角则是悬于镜头前景的武器。虽然这个镜头从技术上看是第三人称（牛）的视角——导演将摄影机安装在公牛头部，而非其眼睛所在的位置——但第一人称射击游戏的全部技术范式都在此彰显：一种充满情动的自我（ego）视角，武器在画面的前景出现。而早期电影中相似的使用方式俯拾皆是。

因此，尽管第一人称镜头在电子游戏中得到普及，但这类镜头明显是电影的发明。在基顿的电影上映20年后，希区柯克在电影《爱德华大夫》结尾处呈现了一个设计精巧的第一人称视点镜头。在一系列复杂的运动镜头之后，当枪口对准康斯坦斯·彼得森

[英格丽·褒曼（Ingrid Bergman）饰] 时，第一人称视角开始出现。随后，枪口又对准了摄影机，这处使用不仅对威勒曼的“第四种观看”进行了粗鲁的再界定，还在致敬《火车大劫案》（*The Great Train Robbery*）著名的结束镜头：人物角色向主观镜头予以还击。希区柯克的这种处理指向剧中人物和影像的双重自裁（克洛弗所称的受虐式观看）。在这部黑白电影中，希区柯克用红色铺满了整个银幕，以此来强调子弹的爆炸效果。在电影著名的梦境片段中，一沓神秘的牌组是第二个更短的主观镜头中的重要道具。在一段简短的倒叙中，安东尼·爱德华兹 [格利高里·派克（Gregory Peck）饰] 开始回忆他如何在青年时期杀死了他的兄弟，希区柯克此时使用第一人称镜头再现那场致命的事故。这三种主观的第一人称视角都旨在增强观众的特定情绪：梦境片段的困惑、弟弟死亡片段的精神创伤以及结尾处的震颤。它们组成了一曲悲伤的三重奏：首先是情感的，随后是表达的，最后是自反的。在这个意义上，第一人称射击式镜头就是希区柯克电影中所有悬念在视觉上的关键支点，他同样在之后的电影创作中尝试使用这类镜头，比如《谍魂》结尾的决斗片段（由于参加试映的观众不喜欢这

个结局，导演在影片的最终版中将其替换为更温和的内容）。

格斯·范·桑特（Gus Van Sant）在《大象》（*Elephant*）中使用了实时、过肩的跟镜头，这让人想起如《江湖本色》等第三人称射击游戏（第一人称射击游戏的“近亲”）。电影在随后的几个关键时刻，转而使用了更适合的第一人称射击视角来呈现实际的枪战。此外，电影没有使用剧情片常用的宽高比，而是选择了近盒状的1:33的形制，以模拟电视监视器和家用游戏机屏幕的盒状外观。很多人把1999年哥伦拜恩校园的屠杀事件归咎于这类游戏，这股批评之风同样吹向了这部节奏紧张且质感忧郁的电影。范·桑特显然意识到了此类游戏惯用的视觉模式，他在其早期的电影《盖瑞》（*Gerry*）中拍摄了一段篝火独白，其中呈现了类似《文明》（*Civilization*）的虚构游戏。这段影像在《大象》中再次出现，化身为笔记本电脑上名为“盖瑞计数”（GerryCount）的电子游戏。对此，范·桑特给出了解释：“《大象》中有一个片段，呈现一个杀手玩了一会儿电子游戏。由于我们没有获得游戏《毁灭战士》的使用权，所以团队自己设计了一个和电影《盖瑞》相似的游戏，呈现两个年轻人在沙漠中徒步。”[1] 此外，范·桑特在《98惊魂记》（*Psycho*）的倒数第二个片段中使用了第一人称的主观镜头，虽然此处并未明确指涉游戏，但快速的镜头运动展示了主观镜头为人物施加的“瘫痪性”，其中，诺曼·贝茨在法律和母亲的双重心理压力下精神失常。这个镜头并未在希区柯克的原作出现，表明在电影发展的几十年间（与电子游戏作为一种媒介的发明和发展相重合），我们的视觉机制已然发生了微妙的转变。

在电影创作中使用第一人称射击视点的情况十分常见，我在观影过程中随意进行记录就能罗列很多电影个案，比如《好家伙》（*Goodfellas*）中段，雷·利奥塔（Ray Liotta）饰演的角色躺在床上，在他的主观镜头中，一把枪对准了他；在《荒野浪子》（*High Plains Drifter*）的第48分钟左右出现了第一人称的射击镜头；《阿基尔，上帝的愤怒》（*Aguirre, The Wrath of God*）和《叛舰忠魂》（*Damn the Defiant!*）都使用了第一人称的射击镜头，将炮筒用作画面前景的武器；

---

① 引自Gerald Peary，“Cinema Verity：*Elephant* and *Shattered Glass* Focus on the Truth，” http://www.bostonphoenix.com/boston/movies/film/documents/03313411.asp（acccessed April 15，2005）。

1950 年的《金银岛》(*Treasure Island*) 包含了第一人称的步枪射击镜头;《爱的大追踪》(*What's Up, Doc?*)使用了一处第一人称视角下的手枪镜头，此类镜头同样在《紧急搜捕令》(*Magnum Force*) 频频出现;《沉默的羔羊》最后的夜视片段中，当杀手瞄准受害者时，镜头被短暂转化为第一人称射击游戏中常见的视觉惯例。

游戏视觉

通过上述的讨论，我们已经清楚电影创作是如何率先使用并预言了第一人称视角的视觉机制，它在之后的第一人称射击游戏中成为其视觉风格的核心。然而，游戏设计在某些基础维度影响着电影创作，同时也与之相区别。《黑客帝国》中尼奥进行训练的片段模仿了很多游戏开篇常见的训练关卡视角。这些关卡可以融入游戏叙事（如《银河战士Prime》）或与游戏叙事脱节（如《半条命》）。这种处理是为了让玩家尽快熟悉控制器，并学习基本的游戏规则。尼奥在真正进入“母体”系统之前也必须经历这个过程。《黑客帝国》和很多其他电影中出现了一种创作范式，它们除了将一种游戏传统转至电影叙事（narrative）中，也将游戏媒介特定的形式创新移置于电影创作的形式语法中，我们可以将其称为游戏式电影（gamic cinema）。

正如史蒂文·沙维罗（Steven Shaviro）指出，主观镜头不仅关乎观看，更重要的是在空间中产生运动。他在探讨《末世纪暴潮》中的主观镜头时提到：

> 影片中的事件通过实时的长镜头展开，呈现了特定个体的独立视角。这些片段更多是能触的（tactile）或是触觉的（haptic），而非视觉的。主观摄影机并非在被动地观看场景，而是能动地在空间中穿梭。它受到推挤，停下又再度运动，它在画面内横摇并倾斜，在水平方向猛冲。它依循的是整个身体的韵律，而不仅是眼睛的节奏。这是一种前主观的、情感的、非认知的视觉体系。[1]

我在上文指出，是电子游戏让电影发觉，摄影机可以用主观的形式呈现特定角色。但在此基础上，如

① Steven Shaviro, "Regimes of Vision: Kathryn Bigelow, *Strange Days*," *Polygraph* 13 (2001): 62.

果计算机有自己独立的视线，那么摄影机也可以用主观的方式呈现计算机化空间。《黑客帝国》中的“子弹时间”段落是主观镜头吗？若按波德维尔等人对主观镜头的传统界定，它当然不是。但如果我们基于三维渲染技术自身的“凝视”角度，那么答案自然是肯定的，因它抓取并绘制着欧几里得几何学意义上的物理空间，其中的人物就是观众或玩家在第一人称视角下的化身。在这个意义上，我认同薇薇安·索布切克（Vivian Sobchack）的观点，即“电子实存不具有视点，也不具有视觉情境，正如我们在摄影和电影中分别收获自己专属的观看体验”[①]。或者像马诺维奇所称：尽管计算机化的视觉仍是观看方式的一种，但它不再与光相关，而是关乎空间。传统的电影视点镜头已然消失，由电子视角取而代之。换言之，射击游戏（及其底层的数字设备）已经拓展了主观镜头一贯的定义范畴。由于主观镜头在第一人称射击游戏中无孔不入，对整个游戏的视觉语法至关重要，以至于这类镜头和游戏产生了绑定关系，这就是

① Vivian Sobchack, “The Scene of the Screen: Envisioning Cinematic and Electronic ‘Presence,’ ” in *Electronic Media and Technoculture*, ed. John Caldwell (New Brunswick: Rutgers University Press, 2000), 151.

凯卢瓦所称的“视觉的情动机制”之义。第一人称射击游戏几乎和其他的视觉要素无关，这种视觉体系正伴随电影愈加明显的数字化倾向，悄然渗回电影创作。

我们可以将这种观点稍做总结：*游戏视觉需要一处被完全渲染的、可行动的空间*。传统的电影创作几乎无须构建完整的空间，布景师和工匠只需建造在景框内出现的场景。由于导演能完全掌控景框内出现的内容，这个任务很容易完成。摄影机的位置是被预先设定的，一旦电影完成摄制，就不再需要新的拍摄机位。[即使是外景拍摄的电影也会使用特定的空间区域。只有在特殊情况下，比如《眼镜蛇》(*Cobra Verde*)开篇使用的360度全景拍摄，或者像《劳拉·蒙特斯》(*Lola Montes*)使用的旋转布景，这类镜头才需要摄取完整的场地空间。但即便如此，空间环境是被记录而非被渲染的，(电影中的)空间永远无法如在(游戏中的)三维模型中那般，被重新渗透、缩放、移动或初始化。]拉斯·冯·提尔(Lars von Trier)在《黑暗中的舞者》(*Dancer in the Dark*)中使用了“100台摄影机”的技巧创作，他在拍摄地架设了几十台小型摄影机，从不同角度同时拍摄整个场景，这种处理和数字渲染微妙地相似。然而，尽管使镜头具有了独特的“多视觉性”（polyvisuality），这种技术本质上仍是对旧有电影传统的返回，即通过蒙太奇将独立的镜头缝合起来。相比之下，游戏则明确需要设计师预先构建一个完整的空间，玩家无须借助蒙太奇，就可以在空间内尽情探索。在射击游戏中，设计师不能限制玩家的运动范围，这意味着他必须提前完成三维游戏空间的渲染工作。许多游戏同样不限制摄影机的位置，玩家才是控制机位的一方，即通过在游戏中观看、移动或调整鼠标滚轮等调整视角。杰伊·博尔特（Jay Bolter）和理查德·格鲁辛（Richard Grusin）通过对比电影《湖上艳尸》和游戏《神秘岛》，阐明了两种媒介的区别：

> 《神秘岛》是一部互动式侦探电影，玩家在电影中扮演侦探的角色。它也是一部完全用第一人称视角“拍摄”的电影，这本身就是对好莱坞风格的再媒介化（好莱坞很少使用第一人称视角，但也会出现特殊情况，比如最近的《末世纪暴潮》和几部 20 世纪 40 年代的黑色电影）。《神秘岛》的设定和很多角色扮演类游戏相似，实际上是证

明自己能在黑色电影的失败之地取得成功：它能将玩家建构为视觉场景中积极的参与者。[1]

因此，《湖上艳尸》终于在五十年后弥补了那场实验的失败，只是需要将自身从一个媒介完全转迁至另一个。

我在前文提到了“可行动的空间”的概念，这个观点必然导向一种推论：游戏正使蒙太奇变得愈加多余。蒙太奇技术虽在电影中逐步完善，却在游戏媒介的美学转向中大大折损。尽管很多游戏中的电影片段[2]确实包含了蒙太奇，但游玩本身大多不需要剪辑的过程，很多游戏机制让玩家在多个视觉模式之间切换，以取代剪辑。比如，在《魔兽世界》中打开地图，使用狙击步枪或夜视镜，在《真实犯罪》（*True Crime*）等驾驶游戏中切换不同机位（如查看后视镜）。游戏《侠盗猎魔》使用了蒙太奇，但却在过程中明确指涉了它在向影像传统创作范式致敬。所以，虽然游戏同样可能在不同模式之间使用蒙太

① Jay Bolter and Richard Grusin，*Remediation*（Cambridge：MIT Press，1999），97.

② 即在电子游戏的不同关卡间出现的影像片段，用于展示必要的故事情节。——译者注

奇进行转场，但在不同的游戏模式内部却鲜有蒙太奇出现。在这个意义上，使用长镜头拍摄的电影［《时间代码》（*Timecode*）和《俄罗斯方舟》（*Russian Ark*）］本质上是对数字诗学中蒙太奇缺席的升华（使用长镜头创作的根本原因并非它因录制技术的更新变得更加容易，这只是技术决定论者一贯的态度）。游戏设计师无须停下换胶卷［希区柯克在拍摄《夺魂索》（*Rope*）时不得不在中途换胶片］，但他们仍从最初就已经将蒙太奇边缘化，将其从电子游戏核心的形式语码中移除。电子游戏使用了更精巧的语法取而代之。比如，《银河战士Prime》中从第三人称到第一人称视角的转换并非通过剪辑，而是通过一个俯冲的飞越镜头。在这个镜头中，摄影机以第三人称视角绕到角色的后方，形成人物的后跟镜头，接着镜头迅速穿过人物的头部，将角色和玩家的第一人称视角加以融合。这种技巧能呈现一种空前的运动流动性，这大概是之前的视觉媒介（像电影或电视）未曾达到的。游戏对蒙太奇的舍弃使它具有呈现第一人称视角的可能。蒙太奇的缺席是游戏使用第一人称视角观看的必要条件，这种情况适用于所有游戏，哪怕是人物在水平方向上运动的游戏，或那些由俯视视角主导的射击游戏，抑或不以第一人称视角展开的游戏。蒙太奇对电影进行切割和分段，而游玩过程则需要流动和连续性。因此，游戏中的观看方式在某种程度上更贴近人的视觉，其贴合程度是电影、电视和录像从未达到的。

我上文的前两个观点认为，游戏视觉中的时间和空间，正以一种前所未有的方式，在故事中展现非凡的流动性。玩家能在游玩中脱离真实的光学时间，这无疑是一种奢侈的体验。我们能暂停、加速、减速或重启游戏。但更重要的是，这种与现实时间的脱离可以发生于游戏的悬置时刻，正如在回合制角色扮演游戏中，玩家在其他动作的间隙之间游玩（设置动作、检查统计数据、重新排列角色阵型等）。观众从未在电影中获得这类奢侈体验。电影是基于时间的，必须通过时间的流逝被放映和体验。因此，《黑客帝国》中的“子弹时间”是电影幻觉中的罕见时刻，它证实了游戏的数字美学对电影美学的渗透和影响。在“子弹时间”中，人物动作的时间变得缓慢或趋近停止，但电影的时间却如常流动。随着电影继续以常速播放，银幕上的人物动作被人为地放缓。对此，詹姆逊指出，“这些超自然身体完成的跳跃和翻腾超越了空间自身的界限”[①]。一般来说，这只有电子游戏（或由计算机驱动的三维模型媒介）才能做到，古典电影似乎对此无能为力。因此，我们可以将“子弹时间”视为游戏式电影的一个时刻。在这一刻，游戏运动的美学进入并主导了电影，哪怕只是短短数秒。当然，“子弹时间”的诗意讽刺在于，它在技术上仰赖较旧的媒介形式，即静物摄影，而非较为晚近的媒介。哪怕是业余的影迷也可以复刻这种特效：将几十台照相机排成弧线，照相机的首尾两端各放一台摄影机和一套剪辑设备。导演在此处使用大量照相机，不过是为了拼贴在同一时刻拍摄的多角度照片，使观众从中获得一种三维物理空间的幻觉。

正如《黑客帝国》一样，“虚拟”（virtual）通常在电影中作为一种叙事伪装，用来解释时间和空间的陡然改变。这种现象在近年体现于一系列电影作品中，它们致力于探讨真实世界和与之平行的想象世界的差异［如《搏击俱乐部》（*Fight Club*）、《第六感》（*The Sixth Sense*）、《小岛惊魂》（*The Others*）等］，其情节通常围绕无法区分真实和想象世界而展开。此类

① Fredric Jameson, “The Iconographies of Cyberspace,” *Polygraph* 13 (2001): 126.

电影中，较具代表性的作品包括《末世纪暴潮》和塔西姆·辛（Tarsem Singh）独树一帜的《入侵脑细胞》（*The Cell*）。数字电影技术的发展使电影能更充分地实现“虚拟性”的美学愿景，这在过去是难以想象的。由于辛（或毕格罗）在电影中使用了大量数字电影技术，游戏式的时刻贯穿这两部电影。我在前文指出，《末世纪暴潮》中的主体镜头和第一人称射击游戏直接相关，但《入侵脑细胞》的创作却模仿了《黑客帝国》。比如在“万神殿跳水”（Pantheon dive）桥段中，凯瑟琳在不同空间下坠时，被经过慢动作处理的、如水般的物质悬停。这种处理在一定程度上近似于“子弹时间”的视觉技术，它自诞生起就不断现身于各种形式的影像产物中，如汽车的电视广告和音乐视频。

我想在最后强调，游戏的新兴影响提升了“人工性”作为一种美学的地位。柯南伯格（Cronenberg）的《感官游戏》（*eXistenZ*）和《黑客帝国》截然不同，虽然它尽量规避使用计算机图形和数字处理过程，但仍能捕捉到电子游戏媒介特有的品质。具体而言，《黑客帝国》对电子游戏的指涉是通过视觉特效的表象，而《感官游戏》则是凭借其场面调度（mise-en-scène）指涉游戏，这尤其体现在导演对电影动作和人物对话的建构中。这部电影尝试让所有动作都在一场游戏中发生，它暗示观众，这场游戏同样以“eXistenZ”命名。但随后观众了解到，这或许也是一场游戏之中的游戏，真实世界在它之外，但二者的差异并不明了，正是这种模糊性使电影角色最终陷入了精神病症的螺旋。自然，《感官游戏》的叙事关乎游戏，但更具“游戏性”的却是其中生硬的对话，以及有意向游戏偏移的电影制作方式。回合制游戏（如角色扮演类）会使用不同的方式呈现对话的内容和节奏，这类游戏的特色之一就是其独特的语言节奏。语言是交易的（transactional），它在故事的分支、超文本或游戏结构中循环往复。语言通常比叙事导向更加实用。在游戏中加入影像片段通常是为了向玩家提供线索，指明他们接下来的任务。之后，这些文字或口头线索会被摘录为简报或策略式的便笺，并在后续的游戏中一再出现，以供玩家参考。游戏中的语言则被用来传达事实、统计分数和数据。《感官游戏》中的对话遵循的是游戏的逻辑，而非电影的逻辑。生硬的对话形式贯穿了该电影的许多场景，这种处理参考了游戏中对话（文本和口头形式）的表现方式。它一再重复录制的对话，不论是在“eXistenZ”的游戏故事内（当角色陷入静止模式时，必须称呼其名字解决并提示他们的队列以使游戏继续对话），还是在游戏之外（游戏之外也可能是另一场游戏，我们无从得知），其中几个人物以相似的机器语调反复吟咏“eXistenZ by Antenna...eXistenZ by Antenna”。艾多·史坦认为“这些eXistenZ角色是对计算机生成角色的讽刺”，他们遵循“自闭症式的对话算法”[①]。

我想在最后重申，主观视角是叙事电影最不常用的观看方式之一，这类镜头大多被边缘化，主要用于营造一种疏离、迷失之感，或构建一种掠夺性视觉。然而，电子游戏的出现为主观镜头开辟了一种崭新的可能。游戏中的第一人称视角并未被边缘化，而是被用以呈现近乎直观的情感运动（affective motion），但这类镜头只是电子游戏再现动作的方式之一。换言之，电子游戏是首个能有效使用第一人称主体视角的大众媒介，而电影仅能在特殊的情节使用这类视点。当然，电影中第一人称视角所隐喻的暴力底色同样延续至电子游戏，也因此，许多第一人称射击游戏［如《雷神之锤》、《美国陆军》（*America's Army*）、《半条

---

① Stern，“A Touch of Medieval.”

命》]中有大量的杀戮环节。但与此同时，许多射击类游戏［如《合金装备》或《神偷》(*Thief*)］要求玩家在面对暴力时尽可能规避暴力。暴力元素同样常见于非第一人称视角的游戏。所以我认为，游玩的关键在于第一人称视角的情动、能动和流动特质，而非其暴力性。游戏媒介与其前身（电影）的差异在于，游戏不会将第一人称视角和视觉的暴力性相关联，在电影中被污名为"掠夺性视觉"的主观镜头在游戏中只是一种"能动"的视觉。就观众的身份认同而言，电影无法驾驭主观镜头，但游戏却能在电影的失败之地大获成功（这主要由于游戏外接控制器，需要玩家产生行动)。电影对主观镜头的使用使它发觉了自身的局限性，即观众无法在其中获得身份认同，而游戏则使用主观镜头创造了身份认同。及至目前，电影还在将主观镜头视作一种需要被校正或突破的镜头语法，认为它破坏了电影装置的稳定性，游戏则截然相反。游戏使用主观镜头来激发玩家主体的能动性，以使游戏装置有效运行。

第三章　社会现实主义

2003 年 3 月 21 日，伊拉克战争翌日，索尼公司提出申请，想将“震撼与敬畏”（shock and awe）一句注册为商标，它显然打算之后将其用作PlayStation 平台的游戏名。事实上，若考虑这种表述及其指向的美国军事策略，PlayStation 在未来开发“震撼与敬畏”的系列游戏并非毫无可能。具体而言，PlayStation 平台一以贯之地发布现实主义题材的游戏，从索尼公司的《海豹突击队》到艺电公司（Electronic Arts）的《麦登橄榄球》（*Madden NFL*）都是如此。一个月后，索尼公司迫于舆论压力取消了申请，并直言不会在后续的任何游戏中使用“震撼与敬畏”的表述，但公司并未放弃对现实主义题材游戏的痴迷。事实上，现实主义题材在现今的很多媒介形式中蓬勃发展，尤其是在游戏领域，这种趋势仍日益提升；或是在电影领域，主要体现为沃卓斯基兄弟对“真实”本质的反思（通过齐泽克、鲍德里亚，再回到拉康）；抑或以电视真人秀为载体一再出现。

游戏中现实主义的智慧在于：由于现今的生活无一不被计算机支配，玩家确实能在此类游戏的游玩过程中获益。玩家在游戏中投入时间对自身进行训练，在游玩过程中被训练得近似于机器：反应迅速、理解界面、熟悉模拟世界。罗纳德·里根（Ronald Reagan）在20世纪80年代就提出了类似的论断，他曾预言动作类电子游戏正在培训新一代的赛博战士（cyber-warriors），他们具备在真实战场上与敌人作战的能力（本身是被计算机强化的）。就现今的状况而言，很明显他是对的：飞行模拟类游戏、《毁灭战士》和之后的《美国陆军》都是某种程度上的真实训练工具，不论是在实用主义方面培养了玩家的技能，还是单纯地使其具备了广义的军国主义意识形态。[①]

---

① 了解更多游戏与军事信息的相似之处，可参见Patrick Crogan，“The Experience of Information in Computer Games，” http://hypertext.rmit.edu.au/dac/papers/Crogan.pdf（accessed April 15，2005）。朱利安·斯塔拉布拉斯的早期论文《只是游戏：电脑游戏中的寓言与经济》在方法论上为如何将游戏视为寓言提供了启发。参见 Stallabrass，“Just Gaming：Allegory and Economy in Computer Games，” *New Left Review* 198（March 1993）。也可参见Anne-Marie Schleiner’s essay “Velvet- Strike：War Times and Reality Games，” http://www.opensorcery.net/aboutvs.html（accessed April 15，2005）。

迄今为止，学界对游戏现实主义的讨论主要限于“屏幕暴力”及其对玩家的负面影响。这种观点甚嚣尘上，以至于我不禁想象出各种数学方程和反馈回路（feedback loops），来衡量玩家对游戏中“暴力”的摄入量会在多大程度引导他施行暴力。这可以称为游戏现实主义的“哥伦拜恩理论”（Columbine theory）：游戏中的血腥会使玩家产生精神病式的行为，诸如此类。但“哥伦拜恩理论”并不是唯一有趣的争论，而且考虑到该论题对社会科学家等人的重要程度，我出于礼貌不会在此探讨这个问题，而会主要聚焦于对现实主义的探讨，文化批评家早已探讨了其他媒介中的现实主义问题。

电子游戏的核心理论问题是如何以及在何种程度上建立游戏世界和现实世界的联结，不仅包括玩家从内向外的情动关联，还包括游戏由外及内的现实建模（modeling）。在前述的视觉文化理论中，这通常被称为“再现性”的问题。但在游戏领域，再现性的概念无法解释游戏中所有“玩”的问题。再现性即指通过影像创造世界的意涵。及至目前，关于再现性的探讨都集中于图像/影像（或语言等）是否在忠实、镜像地模拟现实，进而未经转译地提供了关于世界的真理。或者相反，图像/影像是否是自足的、被建构的媒介，从而在语义范畴与世界相区隔。此类辩论同样延伸至游戏媒介。然而，由于游戏不仅需要被观看，还需要被游玩，它以实际的“动作”增补了这场争论。对于游戏媒介，我们不能仅去探讨意义的视觉或文本再现，相反，游戏理论家必须谈论动作，以及它所发生的物理或游戏世界。有人可能会将其视为一种“关联”（correspondences）的问题（而非“再现性”的问题），因为思考“关联”关系意味着在这场意义和再现的争论中思考运动、情动和物质维度。[1] 我们不禁想到亚里士多德《诗学》中的“模仿”概念。确实，这很关键。但正如赫伊津哈在多年前指出：“游戏是共享的（methectic），而非模仿的（mimetic）。”[2]

---

① 由于电影核心的物质形式是影像，因而对它的探讨大多围绕“再现性”的问题。电影的政治激进性一方面体现为现实主义，它消除装置；另一方面为“反电影”，它揭示装置。但由于游戏的核心形式是动作而非图像，因而它自然地关注另一类问题，如信息的发送或“关联”（correspondences），其核心问题不是模仿或对现实的描绘，而是动作对影像和运动的真实再现。

② 参见Huizinga，*Homo Ludens*，15。该处是赫伊津哈从简·哈里森著作中引用的观点，*Themis: A Study of the Social Origins of Greek Religion*（Cambridge：The University Press，1912），125。

“现实性”与社会现实主义

在本章，我想探讨如何将传统的现实主义理论应用于电子游戏中，由此延伸“现实主义”的意涵，将游戏媒介引发的新问题囊括其中。

游戏世界中存在两类游戏：一类强调对现实生活的模拟式重建，另一类则被归入幻想世界的范畴。游戏《海豹突击队》关乎现实中的海豹突击队，《模拟人生：燃情约会》（*The Sims: Hot Date*）关乎现实中的约会（假设如此），《麦登橄榄球》关乎现实中的美国橄榄球联盟，而《最终幻想》、《侠盗猎车手》和《虚幻竞技场》（*Unreal Tournament*）等则发生于虚拟世界，由虚拟角色和虚构叙事建构。因此在通常情况下，游戏要么是现实的，要么是幻想的。游戏设计师布鲁斯·雪莱（Bruce Shelley）指出，现实主义是被用于强化游戏效果的工具，但本质上并不重要：“现实和历史的信息是一种资源或道具，我们用以为游戏中的任务增添趣味性、故事背景和人物角色。但这不意味着现实主义和历史事实毫无价值，它们只是没我们想象的那么重要。”①

但现实主义叙事和现实主义再现截然不同，这使上述的两种游戏分类不再泾渭分明。比如，尽管《海豹突击队》的视觉呈现比《模拟人生》中抽象的人物化身、等轴视角和墙壁剖面的背景设计更加真实，但《模拟人生》中听音乐、订比萨等行为，无疑比《海豹突击队》中突袭敌人基地更加贴近日常生活。同样，即使《虚幻竞技场2003》比《侠盗猎车手Ⅲ》使用了更加写实的图形引擎装置，但前者在叙事层面至多只能媲美科幻小说，这使它失去了现实主义的维度。冷战期间，《导弹指令》（*Missile Command*）类游戏呈现了一种原型现实主义（protorealist）的焦虑叙事，即模拟了人类在核毁灭威胁下的生活，但游戏的界面却使用了缺乏真实感的抽象风格。风评欠佳的游戏《缉毒特警》（*NARC*，1988）呈现了暴力的警察和毒品贩子，基于缉毒警察的立场再现了血淋淋的残酷影像，进而扮演了一扇窥向城市衰败的真实之窗。约翰·戴尔（John Dell）制作的文本模拟类游戏《毒品战争》（*Drug Wars*，1984）与之相似，聚焦于市场经济下毒

① Bruce Shelley, “Guidelines for Developing Successful Games,” *Gamasutra*, August 15，2001.

品交易的流程——低价买入，高价卖出。雅达利公司的《战争地带》（*BattleZone*）是最早呈现互动式三维空间的游戏之一，其中的景观尤为真实，以至于美国军方请雅达利公司专门为训练坦克驾驶员制作了一个特别版。然而，由于游戏的矢量图形过于稀疏、抽象，我们无法将其视为真正的现实主义游戏。

如果这些游戏能为我们带来任何提示，那么游戏似乎是纯粹的表现主义媒介，不论其中的多边形数量模型是否足够、像素点是否丰富，游戏都不具备成为现实主义媒介的基础。抑或游戏是这样一种媒介：在经验现实及其再现艺术之间横亘着一条巨大的沟壑。

但这种说法可能在有意歪曲命题，因为“现实性”（realisticness）和现实主义绝非同一回事。如果可以将二者相等同，那么游戏中的现实主义将是一个简单的计数过程，计算画面中的多边形模型并追踪其中的对应关系。“现实性”是对再现性的衡量。因此，在再现性层面上，《海豹突击队》和其他基于现实生活的游戏并无区别。也就是说，它在再现性层面上是一种现实主义游戏。就像《托尼·霍克职业滑板4》（*Tony Hawk's Pro Skater 4*），它让玩家在真实存在的佛罗里达州杰克逊维尔（Jacksonville）的科纳滑板公园（Kona skatepark）玩滑板，这个游戏是虚拟的，但同时是现实主义的。“现实性”至关重要，但它在游戏领域越占据主导地位，就越远离游戏本身，仅仅被归类为模拟或建模。詹姆逊在文章《意大利之存在》（“The Existence of Italy”）中很好地表达了这组矛盾：

> “现实主义”是一个特别不稳定的概念，因为它同时具有美学和认识论的倾向，但正如“现实的再现性”所暗示的，美学和认识论似乎不可通约。两个主张似乎彼此矛盾：对任何真理内容的强调，都会因对作品技术手段或再现艺术的强化而受到削弱。与此同时，强化作品的认识论属性通常会压制现实主义“文本”的形式属性，并使我们对美学建构和美学接受产生愈加幼稚、非联系性或反思性的观念。因此，当认识论倾向压制美学倾向时，它同时也被反噬；如果现实主义证明自己是世界的准确或真实再现，它就不再是世界的美学再现，进而脱离了艺术场域。但另一方面，如果艺术装置和技术设备（游戏通过这些美学要素捕捉世界的真理）被发觉、强调和突出，那“现实主义”就沦为一种现实（reality-）或现实主义*效果*（realism-effect），它试图揭

> 示的现实就立即陷入最纯粹的再现和幻觉中。然而，除非现实主义同时满足、延长并保留［而非“解决”（resolving）］这两种倾向的构成式张力（constitutive tension）和不可通约性，否则这个概念就无法成立。[①]

当我们只考虑现实性（詹姆逊所称的“对美学建构的幼稚、非联系性或反思性的观念”）时，我们就会迷失于更加宏观的“现实主义”概念。换句话说，现实性和现实主义迥然不同。

安德烈·巴赞（André Bazin）将电影中的现实主义界定为一种贴近现实世界基本现象的技术。他很清楚，“现象学特质”（phenomenological qualities）不仅意味着现实主义的视觉再现，也意味着对现实生活的再现，即悉数呈现生活中的肮脏细节、美好愿景和难测的挫败。正因如此，现实主义经常以社会批评的面目出现。在电影中，现实主义被称为“新现实主义”，以区别于文学和绘画中的现实主义。电影中的新现实主义通常取决于几种技术形式，包括使用非专

---

① Jameson，*Signatures of the Visible*，158. ——原注
此书的中译本为《可见的签名》，由王逢振、余莉、陈静翻译（南京大学出版社，2012年，第225页）。译者此处未采用已有译法，而是从英文原文直译。——译者注

业演员、表演（histrionics）的缺席、日常布景、业余的摄影方式、画面具有电影胶片的颗粒质感、使用长镜头拍摄和尽可能少的后期剪辑。巴赞并未停留在技术形式的类型上，而是将新现实主义与某种叙事类型加以关联。尽管巴赞认可新现实主义的形式倾向（如长镜头、业余演员等），甚至对维托里奥·德·西卡（Vittorio de Sica）等电影人的场面调度（mise-en-scène）不吝赞美，但他写道："我们所称为'现实主义'的，就是所有倾向于为银幕带来现实感的*叙事*手段。"[1] 因此，是叙事中失业的父亲最终构成了德·西卡的《偷自行车的人》（*The Bicycle Thief*）的现实主义核心，而非其被弱化的风格。詹姆逊通过强调巴赞眼中显而易见的事实来为这种观念背书：新现实主义不仅是一种致力于再创造"现实"的电影风格，本质上是一种社会主义的（socialist）政治实践。詹姆逊指出："我们应将现实主义视为一个时刻，此刻，'受限'（restricted）的语码在尝试变得详尽或普遍。"[2] 此处，受限的语码是工人阶级的语码，雷蒙德·威廉斯

① André Bazin, *What Is Cinema?*vol.2（Berkeley: University of California Press, 1971）, 27. 引文中的斜体为作者所加。

② Jameson, *Signatures of the Visible*, 169.

（Raymond Williams）称其为工人阶级的“情感结构”（structure of feeling）。吉尔·德勒兹同样体认到新现实主义的重要程度，他在《运动—影像：电影 1》《时间—影像：电影 2》中指出，新现实主义是相对具体、占主导地位的“运动—影像”到更具解放性的“时间—影像”之间的转折点。

布鲁诺·赖希林（Bruno Reichlin）如此描述意大利文学中的新现实主义：“它是对社会问题的精准检视，对日常生活近乎纪录片式的关注，在思想和语言上贴合人物角色的社会背景和性格，是对当下社会现象和道德伦理或轻或重的直接批判。”[①] 我建议游戏研究应遵循同样的方式，不要将游戏中的现实主义仅视为对现实生活的再现，而是将其视为对日常琐事的批判性反思，其中充斥着挣扎、不公正和个体生活的戏剧化。

贡萨洛·弗拉斯卡（Gonzalo Frasca）已经践行了这种现实主义理论。他在《被压迫者的电子游戏》（“Videogames of the Oppressed”）一文中考察

① Bruno Reichlin,“Figures of Neorealism in Italian Architecture（Part 1),” *Grey Room*, no.5（Fall 2001）: 80.

了游戏如何能够提出社会和政治问题。[1] 作为游戏设计师，弗拉斯卡也对基于真实新闻事件的游戏类型（newsgaming）感兴趣。他的游戏《9 月 12 日的玩具世界》（*September 12th, a Toy World*）基于真实的反恐战争题材，尽管它使用了缺乏真实感的视觉语言，即卡通绘制的视觉风格，类似于在网页上玩的轰炸类游戏（bombing game），但它仍是一种"现实主义"游戏。弗拉斯卡的其他游戏［如《911 幸存者》（*911 Survivor*）和《韦科复活》（*Waco Resurrection*）］直接援引了当下的地缘政治事件。库玛（Kuma）游戏公司将这种类型称为"现实游戏"（reality games），在其游戏《库玛战争》（*Kuma\War*）中直接使用了伊拉克和阿富汗战争的新闻影像片段。

社会现实主义的一致性（Congruence）要求

迄今为止，我探讨的所有游戏都追求高度的现实

① 也可参见Shuen-shing Lee's "'I Lose, Therefore I Think': A Search for Contemplation amid Wars of Push-Button Glare," *Game Studies* 3, no.2（December 2003）。

感。但我一直在尝试说明，社会现实主义与纯粹的现实主义再现截然不同。那么，我们如何在游戏中找寻现实主义？鉴于游戏中的每个像素都是由机器后天创造的，电子游戏中可能产生社会现实主义吗？它对“游戏”（play）的概念意味着什么？游戏既意味着实验性和创造力，也意味着低幼化（infantilizing）和与政治无关的琐事。［事实上，游戏在近年开始与政治相关。唐娜·哈拉维（Donna Haraway）指出：“我们正在经历从有机的工业社会到多态的（polymorphous）信息系统的转向。不论什么形式的工作和玩乐，都是致命的游戏。”[①] 随着非物质劳动变得日益重要，我们对游戏（作为一种生产力）的培养和开发程度同样递增，这体现为对其创造力、创新性、独特性、灵活性、补充性和新颖程度的培植和利用，意味着游戏将变得愈加和广义的社会控制结构相关。今天，我们无疑正在见证游戏在政治上的进步性（progressive）或中立性的终结。］

要在游戏中找到社会现实主义，我们就必须遵循社会批评具有的明显（telltale）特质，通过这些特

① Donna Haraway, *Simians, Cyborgs, and Women*（New York: Routledge, 1991）, 161.

质揭示游戏中现实主义美学的缘起。可以肯定的是，至今还未出现像德·西卡《偷自行车的人》一样的现实主义游戏。但一些游戏中开始出现近似现实主义的核心美学价值，我将在下文探讨几个案例（相对于现实主义，“原型现实主义”可能更贴合这些游戏）。

电子游戏产生四十余年后才出现社会现实主义。摇滚明星游戏公司（Rockstar Games）的《紧急状态》具有原型现实主义的特质。游戏借用了洛杉矶真实发生的罗德尼·金（Rodney King）事件，将此类事件中暴力的社会动乱情绪转移至互动式的游戏环境。该游戏充斥着荒谬和夸张，丝毫未准确呈现这桩城市暴力事件的残酷原貌。在这个意义上，它在贴合现实主义方面彻底失败了，但却保留了现实主义的核心。虽然游戏或多或少是基于现实主义的风格构建的，但它与现实主义的关联却主要在于对边缘群体（如被剥夺权利的青年、黑客、少数族裔）的再现，这种关联同样体现于叙事本身，即一个不受限的、狂乱的、反群体的反叛式幻想。该游戏轻松揭示了现今大众媒介（对社会现象）普遍的冷漠态度，指引玩家去“粉碎社群”，并向他们提供武器支持。

瑞士艺术团体Etoy也通过其多人在线游戏《玩具战》(*Toywar*)实现了游戏的原型现实主义。这个大型多人在线游戏由艺术品、游玩性和政治干预这几个要素拼凑而成，Etoy通过短短几个星期的编程工作完成了游戏。游戏的终极目标是对抗玩具电商eToys.com，主要手段是影响该公司的纳斯达克市场股价。在现实中，eToys.com向Etoy提起了商标侵权诉讼，原因是两个组织的名称过于相似(许多人质疑这起诉讼的真实性)。Etoy没有选择在法庭上和对手公开较量，而是选择将整个丑闻制作成一个在线游戏，面向公众招募玩家，代表他们进行斗争。[①] 由《玩具战》展开的商业战只持续了几个月。该游戏是一个复杂、自足的系统，拥有内部的电子邮件、独立的货币体系，以及相应的社会公民、地理构成、风险与机遇、英雄和殉道者。玩家为了增加公众对eToys.com诉讼的不满，能在游戏中发起“媒体炸弹”(media bombs)和其他公

① 了解更多《玩具战》的信息，可参见Adam Wishart and Regula Bochsler, *Leaving Reality Behind: Etoy vs EToys. com and Other Battles to Control Cyberspace* (New York: Ecco, 2003)。把《玩具战》的全球性和第四章中巴克敏斯特·富勒的“世界游戏”进行比较是一次有趣的尝试。富勒的“世界游戏”是较早出现的全球资源管理的模拟类游戏。

关技巧。在《玩具战》刚上线的两周，eToys.com 在纳斯达克的股价暴跌了 50% 以上，并在持续锐减。当然，其股价下跌同样是互联网经济泡沫下行情整体衰退的结果，但这一事实无疑提升了游戏为玩家带来的兴奋感。最终，该公司损失了数十亿美元的股票，无奈宣布破产。游戏《紧急状态》鼓励玩家击溃一个虚构的企业恶棍，而《玩具战》则为玩家提供了与现实中的"暴徒"对抗的机会。这是使它成为现实主义游戏的关键细节。《玩具战》和模拟类或训练类游戏相似，都在玩家的情感行动（affective actions）与其生活的现实环境之间构建了有意义的关系。但这并不意味着"游戏现实主义"要求玩家的游戏操作与现实的结果之间建立"工具"层面的因果关系——绝非如此；那将使我们陷入"哥伦拜恩理论"的陷阱。[坦率地说，"游戏现实主义"和"哥伦拜恩理论"的区别在于方向（directionality）。前者强调将现实生活延伸至游戏，而后者则强调游戏能反向对玩家施以"现实主义"效果。] 恰恰相反，我认为须有某种一致性（congruence），某种类型的文本（或语境）精确性，能将玩家的社会现实，通过其操纵游戏的拇指，转译到游戏之域，而后返回。这就是我所称的"一致性要求”，它是实现“游戏现实主义”的必要条件。没有它，就没有真正的现实主义。

玩家的情动

现在我对“一致性要求”的意涵更加明晰。总的看来，它就是玩家的情动，不论是对玩家情动梦幻般、幻想式的转移，还是对玩家情动的修辞式延伸。随着《特种部队》、《灰烬之下》以及更早的《美国陆军》（在形式上更复杂）等游戏的出现，玩家真实的政治现实（political reality）与游戏模仿并延伸该政治现实的能力之间，产生了真正的一致性，从而使其中无功利的愿望得到满足。

正如我所强调的，游戏是需要玩家持续进行物理输入的能动媒介，如动作、行动、按键、操控等。因此，现实主义游戏必须是动作上的现实主义。由于游戏主要的现象学现实（phenomenological reality）是动作（而非观看，或詹姆逊描述的电影式观看：一种“狂热而盲目的迷恋”），因而在结构上，玩家与装置本身的关系更加亲密，致使玩家与现实主义在游戏中的分配（deployment）同样更加亲密。玩家（和游戏的关系）比观众更贴近，但远不及游戏叙事之内的角色。是动作，是玩家操控游戏的动作将其与游戏连接起来。

因此，正因为游戏是能动的媒介，游戏现实主义才需在游戏所描绘的社会现实和玩家所知、所经历的社会现实之间，生成一种特殊的一致性。游戏中的现实主义在电影史上从未涌现，大抵只能在特定情况下发生，仰赖游戏自身的特性和玩家所处的社会环境。对好莱坞电影人来说，其面临的挑战就是如何现实主义地再现社会现实。或者，对现实主义电影人来说，其难点是在一定程度上抓取低阶层群体所处的社会现实。但由于游戏对一致性的要求，对现实主义的游戏设计师来说，其困境就不仅在于觉察边缘群体所处的社会现实，还需将游戏反向投射至受众玩家所处的社会环境，使其看上去真实。

从这个角度看来，人们可能会推断，游戏现实主义的关键在于游戏和玩家的关系。但这种关系并非“哥伦拜恩理论”指向的因果关系，它只是一种关系，这就是我们绝不能将电子游戏与其社会环境剥离的主要原因。坦率地说，当美国的青少年玩《特种部队》

时，他/她大概率不会体验到现实主义，但对于领土被侵占的巴勒斯坦青年玩家而言，他/她很可能在游戏中经验现实主义。游戏现实主义的关键在于语境/文本的精准程度。

电子游戏存在于现实主义的第三时刻，前两个时刻分别是叙事中的现实主义（文学）和图像/影像中的现实主义（绘画、摄影和电影）。电子游戏是动作中的现实主义，这使我们想起亚里士多德与《诗学》，想起奥古斯都·波瓦［Augusto Boal，认为亚里士多德是“强制性的”（coercive）］以及贝托尔特·布莱希特（Bertolt Brecht）。虽然视觉艺术迫使观众参与观看，但电子游戏却像各类数字媒介，迫使玩家执行动作。任何描绘现实世界的游戏都必须应对动作的问题。基于这种方式，游戏现实主义基本上是重新审视媒介的物质基质并与玩家所处的社会现实及其社会活动建立关联的过程。我希望在下一章探讨，如何阐释作为整体的电子游戏与当前信息社会（德勒兹将其称为控制社会）的关系。

第四章　控制的寓言

把玩算法

新媒体的诸形式在过去的一个世纪（或更长时间）相继创生。不同的媒介形式从其产生到能在更宏观的文化领域内自洽并广泛发挥功能之间，似乎存有一种时间上的滞后性（lag time），我将其称为“三十年规则”（thirty-year rule）。这种现象可见于电影媒介，即电影从19世纪末产生到20世纪30年代通过好莱坞古典电影的形式大放异彩；同样可见于互联网媒介，即互联网在20世纪70年代和80年代经历了相对隐晦的发展时期，直至20世纪90年代中期才在大众文化舞台迅速崭露头角。毋庸置疑，这种现象依然适用于当下的电子游戏媒介，即电子游戏自20世纪60年代起作为娱乐形式出现，时至今日，电子游戏的美学逻辑历经了从肤浅到复杂的演变，我们甚至能大胆预测，电子游戏将在十年间大步迈进其黄金时代，就像电影在20世纪30年代和40年代之交所亲历的。[①]《最终幻想X》或《侠盗猎车手Ⅲ》等游戏标志着其黄金时代的开始。尽管如此，电子游戏至今仍明显位于社会外缘，因而还未能被归入“艺术形式”（标志着文化生产的最高标准）的范畴。这种现象尤其吸引我。正因电子游戏幸免于布尔乔亚的染指，我们现在还能将它视为对现实生活的优美且专注的加工（processing）方式。

但是，由于电子游戏是独特的算法文化对象，我们如何用批判的眼光审慎地看待它？电子游戏必然对现今全球信息网中的社会现实具有独到的见解，甚至能创生出一种方式来批判地阐释自身，这种方式和电子游戏的研究对象都具有一种计算机中心性（computercentric）。菲利普·索莱尔斯（Philippe Sollers）在1967年指出，阐释关乎“文本的停顿、*扫描*（scanning）和空间化”。罗兰·巴特（Roland Barthes）在翌年对这种思想进行重述：“写作之空间

① 马尔库·艾斯凯利宁（Markku Eskelinen）就这一点指出：“在历史上看，这有点儿像20世纪10年代的电影研究；有吸引力、有实践，但对实际发生的事情知之甚少，更不用说赚了很多钱，也损失了很多钱。”参见Eskelinen, “The Gaming Situation,” *Game Studies* 1, no.1（July 2001）。

应该被扫描，而非被扯碎。”①几年后，詹姆逊再次采用了类似的词汇：“*扫描*包括用寓言（allegorical）的方式阐释文本，即*在文本间上下游移*，不断调整其表述，这种方式和我们对（纸媒）静止的、中世纪或圣经文本的阐释方式迥异。”②三人不约而同地从电子机器领域借用术语——电视屏幕的电子“扫描”，甚或计算机编译程序的扫描/编译模块——来描述这种更具现代性、信息学特征的文化分析和阐释方式。

事实上，这种富有寓意的“数字化”阐释方式（如果能这么指代它）与消费式电子游戏机及第一台个人电脑的发明同时涌现，在20世纪70年代和80年代的电影批评中十分显见。1970年，《电影手册》（*Cahiers du cinéma*）的编辑通过分析约翰·福特（John Ford）的《青年林肯》（*Young Mr. Lincoln*）创生了这种话语方式。他们的阅读对象是好莱坞经典电影，因而与意识形态和形式霸权有一定的批判关系。

---

① 参见Philippe Sollers，“Programme，” *Tel Quel*，no.31（Fall 1967）：3-7；以及Roland Barthes，“La mort de l'auteur，” in *Le bruissement de la langue*（Paris：Éditions du Seuil，1984），66。引文中的斜体为作者所加。

② Fredric Jameson，*Postmodernism, or The Cultural Logic of Late Capitalism*（Durham：Duke University Press，1991），168. 引文中的斜体为作者所加。

但编辑们明确表示，他们的分析方式既非一种阐释[interpretation，从电影文本中（in）提取已然存在的内容]，也非对其的去神秘化（demystification，通过显见的表意挖掘其潜在的内涵）。

> 我们拒绝找寻文本的“深度”，即从其“字面意义”向某种“秘密含义”探溯；我们不满足于仅接受文字已说的（它有意表述的）……通过能动的阅读过程对电影的再扫描（rescansion），是为了使文字言说其未述语汇*中*（within）不得不说的内容，揭示其构成的缺乏；未述的内容既非作品的缺陷……也不能归咎于作者的有意欺瞒……它们是*结构的缺席*（structuring absences）。[①]

计算机和信息式网络，或者用同年吉恩·扬布拉德（Gene Youngblood）提出的“跨媒介网络”（intermedia network）术语，对《电影手册》那些青年的心态产生了很大影响。他们对文本的阐释方法不是对电影文本的内在工作进行评论（早期对文本

① The editors of *Cahiers du cinéma*, “John Ford’s *Young Mr. Lincoln*,” in *Movies and Methods*, ed. Bill Nichols (Berkeley: University of California Press, 1976), 496.

富有寓意的阐释模式所要求的），而是对电影进行重读与再扫描，最终是对电影本身的语汇处理（word processing）。《电影手册》的风格分析可以被界定为"水平的"（horizontal）寓言式阐释，它通过扫描文本表象探寻新型阐释模式。他们的阐释模式在本质上是寓言式的，但他们并未发觉詹姆逊口中两种阐释模式的差异，即意识形态批判式的否定阐释学（negative hermeneutic of ideology critique）和乌托邦集体主义式的肯定阐释学（positive hermeneutic of utopian collectivism）之间的差异。[①] 扫描与去神秘化完全不同，这一点非常关键。作为两种不同的阐释技巧，它们指向两种迥异的政治和社会现实：计算机化和非计算机化的。

德勒兹晚期的一些著作有助于我们理解这两种现实之间的划分。德勒兹在1990年的短文《控制社会后记》（"Postscript on Control Societies"）中界定了两个历史时期：其一是现代性的"规训社会"，它源于主权者的统治，朝向"广阔的封闭空间"，即社会和身体的铸造模具，米歇尔·福柯（Michel Foucault）已在其著述充分探讨了这部分内容；其二是20世纪

① Fredric Jameson, *The Political Unconscious* (Ithaca, N. Y.: Cornell University Press, 1982), 291-292.

晚期的“控制社会”，它基于德勒兹所称的“调控”（modulation）逻辑和“超速流动控制”形式。[①] 高度现代性的规训社会充满物质符号结构（如签名和文件），而现今的控制社会则充满非物质符号结构（如密码和计算机）。这些控制社会的形成均得益于遗传科学和计算机网络的成熟，但同样得益于更常规的网络形式的普及。但不论哪种情况，德勒兹都认为，计算机网络的组织原则已经从局限和封闭转向貌似向无限延伸的控制的流动性：

> 控制不属于规训。比如，我们在修建高速公路时，不能直接向路人施加限制，而是要增加（或转变）控制的手段。我不是说高速公路的唯一目的是对人们施加限制，而是说人们尽可以不受约束地“自由”驾驶，但实际上却仍被完全控制。这就是我们的未来。[②]

① Gilles Deleuze, *Negotiations* (New York: Columbia University Press, 1995), 178.

② Gilles Deleuze, “Having an Idea in Cinema,” in *Deleuze and Guattari: New Mappings in Politics, Philosophy and Culture*, ed. Eleanor Kaufman and Kevin Jon Heller (Minneapolis: University of Minnesota Press, 1998), 18.（译文经作者修改）

不论是信息高速公路还是普通公路，德勒兹所界定的“控制”是我们理解计算机化信息社会运行方式的关键。它是社会生活更剧烈的转向的一部分，其特点是从中央官僚机构和垂直层次结构转向广义的自主社会行动者网络。对此，建筑师布兰登·霍克韦（Branden Hookway）指出：

> 这种转变正发生于信息技术的整个谱系中，我们从全球智能应用的模型（具有平滑的分布形态和普遍性）转向局部应用的模型。其中，“智能”是场域导向（site-specific）且流动不息的。[①]

社会学家曼纽尔·卡斯特、哈基姆·贝（Hakim Bey）和 20 世纪 70 年代意大利自治运动的诸多文本，也记录了这种向控制社会的转型。哪怕是对这种转型极为不满的批评家，如《赛博马克思》（*Cyber-Marx*）的作者尼克·戴尔-威瑟福德（Nick Dyer-Witheford），也无法不承认这种转型正在发生。这是全球正在兴起

---

① Branden Hookway, *Pandemonium: The Rise of Predatory Locales in the Postwar World*（New York：Princeton Architectural Press，1999），23-24.

且更为宏阔的后现代进程的一部分。

这种社会转型的征候为何？它发生于微软公司将呼叫中心（call center）从美国雷德蒙德外包至印度班加罗尔的时刻，或是新型医疗监控网扫描全球健康数据库，以寻找传染性非典型肺炎（SARS）类疾病可能再次暴发的时刻。现在，就连军队也在以网络和计算机为参考系重新界定自身："捕食者"攻击机的远程操作界面模拟了电脑游戏界面；美国陆军高层通过由美国和新加坡军方共同开发的《全光谱指挥》（*Full Spectrum Command*）电脑端游戏学习战时战术；在军方的"未来战斗系统"（Future Combat Systems）提案中，计算机网络本身就被界定为武器系统。

但这些征候只是社会更深层弊病的表层外显。尽管它们最终因机器而加剧恶化，但很多已然超出了机器的范畴。虽然印度的班加罗尔可能正处于发展阶段，却仍是一座在后殖民主义和现代化不平等进程中挣扎的"例外之岛"。计算机擅于加剧社会的不平等，扩大贫富差距（经济学家对这类国家经济情况的记录已足以说明问题）。因此，我前述的电子游戏与当代政治局势的关系，是以我们对"连线世界"（wired world）的社会想象为参照的，也基于我对现实世界中的组织和监管结构是如何被游戏的形式语法所转化的一点思考。

正如詹姆逊在《可见的签名》中指出，将政治现实转译至电影的过程十分复杂，因为主流电影对政治问题的处理方式通常不是解决问题，而是将其升华。几十年前，希区柯克在电影《伸冤记》（*The Wrong Man*）中展示了刑事司法系统迟滞、冷漠、机器一般的运作模式。现在，“警察”要素并未在犯罪电影中消失，事实上远非如此，但其中的官僚式控制行径（更微型的要素）消失了。主流电影有一套呈现政治问题的戏耍技巧，很少会向观众揭示构成当代社会中各种控制装置的规训和制约，而这正是詹姆逊的阐释方式效果卓绝的原因。此外，吴宇森的《喋血双雄》（*The Killer*）不仅使杀手凌驾于法律之上（或更准确地说，独立于法律之外），警察也超脱于法律（一方面体现在影片结尾处警察血腥的复仇行为上，另一方面体现在影片中并未出现《伸冤记》描绘的有关现代犯罪与监禁的要素上，如手铐、契约、起诉和出庭等）。《绝地战警 2》（*Bad Boys 2*）或《盗火线》（*Heat*）等电影使用了相似的处理方式。事实上，大多数警察电影（cop flicks）都有意规避类似的再现方式，其叙事通常超越了警察职业本身，本质是为了传达其他内容（正义、友谊、荣誉，诸如此类）。换言之，规训和监禁作为一种现代控制装置，很少在当下的电影作品中出现，除非在极少数情况下（如黑人罗德尼·金被白人警察殴打的视频）才会在银幕/屏幕上露骨地再现血肉模糊的影像（它率先溢出电影的边界，随即渗入其他影像媒介中）。相反，规训和监禁的内容被其他要素取代，被升华为其他再现形式。因此，电影在很大程度上遮蔽了（电影人）对政治控制的精准再现（借用詹姆逊的观点，我们需以“寓言式阐释”的方式在电影中探讨政治现实），这是不幸的。尽管信息控制在银幕/屏幕上的再现形式并不“引人入胜”（unsexy），但如果我们想以讽喻的方式指涉当下的政治权威，那么它无疑才是最需要被呈现的内容。

而电子游戏的独特在于，它本质上颠覆了电影的政治困境，几乎指向完全相反的境遇。电子游戏不试图遮掩社会的信息控制现象，反而要宣扬它，这一点体现在小岛秀夫、铃木裕或席德·梅尔（Sid Meier）等游戏设计师的作品中。在梅尔的游戏中，游戏者不是简单徜徉于历史模拟的情境中，而是在领悟并将其内化，在熟悉一个庞大、多元的全球性算法。玩游戏意味着与游戏的代码游戏，赢得游戏意味着了解系统，阐释游戏则意味着阐释其算法（察觉其深层的“寓言”）。

因此，当下正发生两种转型：从现代电影到当代电子游戏，从传统寓言到我所称的水平式或“控制”寓言。我认为，电子游戏的结构内核平行于信息时代的政治现实。如果梅尔的游戏作品存在任何深意，那它就关乎信息社会本身，关乎了解系统和了解代码，或更准确地说，了解这个（the）系统和了解这个（the）代码。泰德·弗里德曼（Ted Friedman）如此评价梅尔创作的“文明”系列游戏：“电脑游戏教授思维结构的方式，是让我们内化程序的逻辑。要赢得游戏，我们不能为所欲为，而是必须将自己限定在游戏规则的范围之内，必须学会推测每一步操作的后果，并预测计算机的反馈。最终，我们的决策会丝滑得近乎直觉，迅速得就像决策（machinations）是由计算机自身做出的一样。”[1] 梅尔同样没有采用主流电影对政治现实的遮掩行径。这个庞大的电子指令网

---

① Ted Friedman, "*Civilization* and Its Discontents: Simulation, Subjectivity, and Space," http://www.duke.edu/~tlove/civ.htm（accessed August 14, 2003）. 我将使用《文明》来指代整个游戏系列。当谈及该游戏系列中的特定部分时，我将具体说明，如《文明 3》。

[electronic network of command and control[①]，我称其为“协议”（protocol）] 正是梅尔作品或一般电子游戏中可见的、能动的、本质的核心部分，你无法规避它。列夫·马诺维奇认同弗里德曼的观点：“（游戏）需要玩家学会使用算法来取得胜利。随着玩家推进游戏进程，她逐渐发现了游戏所构建的宇宙的运行规则。她掌握了游戏的隐藏逻辑——简而言之，它的算法。”[②]所以，尽管游戏中存在线性叙事（或是横贯游戏首尾，或是在其中以电影片段的形式出现），它同样也存在非线性叙事，必须在游玩过程中以算法的形式展开。在这个意义上，电子游戏首先直接向玩家传递信息媒介的权力关系，将其编排成多元的游戏活动“星丛”。事实上，电子游戏从其内核来看，只是以相对直接的（unmediated）方式呈现当代的政治现实。它对政治问题的处理方式不同于电影的升华，而是使其融入整个游戏（making it coterminous with the entire game），由此，电子游戏实现了一种独特的政治透明。

巴克敏斯特·富勒（Buckminster Fuller）早在几十

① 此处的command and control为双关，一方面指涉权力控制，另一方面指键盘的操控键。——译者注

② Manovich，*The Language of New Media*，222.

年前的“世界游戏”（World Game）和20世纪60年代的世界设计倡议（World Design Initiative）中，就阐明了游戏的系统性和地缘政治特征。“世界游戏”的游戏场景是一幅足有“足球场大小的世界地图”，他们在地图上“铺设电线，以便用计算机点亮特定地域上的迷你灯泡，从而精准呈现多元的世界环境、事件和资源的比例数据”。富勒的游戏是全球资源管理的模拟类游戏，在本质上和梅尔的《文明》非常相似。但富勒的游戏目标是“寻找可行的办法，使得人类家庭中的任何人及每个人[1]，在没有他人干涉的前提下享受整个地球，没有人会以牺牲其他人为代价谋取一己私利”。尽管富勒的游戏和《文明》或其他的全球算法游戏使用了相同的逻辑，他的政治目标无疑更具进步性，这一点从他对美国数学家约翰·冯·诺伊曼（John von Neumann）的抨击中可见一斑：“我想设计一个游戏系统，它不遵循冯·诺伊曼博士的‘博弈论’。在他的‘博弈论’中，总会有一方经历彻底的失败，因而这个理论也被称为‘否定’（Drop Dead）理论。在‘世界游戏’中，我们尝试探寻并测试多种‘如何使世

① 此处作者在强调作为整体的“人”的平等，无关社会地位及其掌握的社会资源。——译者注

界运行'的方案。若想在'世界游戏'中获胜，就必须使每个人都获得成功，每个人都必须赢。"①

所以从广义上讲，此处出现了一种跨媒介（extramedium）转型，电影中"控制"的缺席已经被游戏中的"控制热"（fetishize control）所取代。但与此同时，媒介内部也发生了一次转型（这显著发生于电影媒介）。詹姆逊口中20世纪70年代的阴谋电影[conspiracy film，如《总统班底》（*All the President's Men*）、《视差》（*The Parallax View*）]在新千年伊始不再具有象征性，其风靡程度被另一种电影类型稀释，即能产生认知/情节反转的电影，它从旧的侦探电影（whodunit）演变而来。在这方面，大卫·芬奇（David Fincher）无疑是当代的艾伦·帕库拉（Alan Pakula），其《心理游戏》（*The Game*）和《搏击俱乐部》是玩转观众认知的杰作。但我们只需指出，很多电影用技法来混淆现实和幻觉[如《血网边缘》（*Jagged Edge*）、《非常嫌疑犯》（*The Usual Suspects*）、《黑客帝国》、《入

① R. Buckminster Fuller, *Your Private Sky: The Art of Design Science*（Baden, Switzerland: Lars Müller Publishers, 1999）, 473, 479. 更多关于"世界设计倡议"（World Design Initiative）的全球化和协同作用理念的信息，也可参见Fuller, *Your Private Sky: Discourse*（Baden, Switzerland: Lars Müller Publishers, 2001）, 247-278。

侵脑细胞》、《感官游戏》、《第六感》、《玩尽杀绝》等，甚或像小岛秀夫的“合金装备”系列游戏]，就可以阐明，电影如何从资本主义的压迫中解放（詹姆逊的观点），转而被虚伪的新型信息所压迫。在阴谋电影重述资本主义创伤的每个时刻[经由具有纪念性的现代建筑，如《视差》开篇的太空针塔（Space Needle）]，知识/情节反转类电影旨在向观众提供信息，但会在影片结尾颠覆观众此前的全部认知。数字无法通过建筑向观众施加控制，所以它转而使用信息。这个电影类型向观众提出了认识论的挑战：在历经一系列如过山车般的情节反转和解谜后，观众终将获得真相。我认为这种对“知识胜利”（knowledge triumph）的狂热正是詹姆逊描述的信息化的（informatization）阴谋电影。

我们再回到对电子游戏的讨论。操作者如何“与算法游戏”？这个现象在主机游戏中最为显见，因为其要求玩家必须精准执行复杂的按钮组合，以便在游戏中完成任务。事实上，像《铁拳》或《托尼·霍克职业滑板》（*Tony Hawk's Pro Skater*）等游戏都仰赖于操作者对特定动作的按钮组合的记忆能力。这些动作的算法通常被收录在游戏套件中，呈现为类似于音乐指法的编码符号（比如，PlayStation 手柄上的“上+X-X-O”组合），这类游戏的新手通常被戏称为“按钮捣碎机”。但在更广泛的意义上，我们需重提席德·梅尔的思想，以探讨“与算法游戏”的宏观意涵。

意识形态批判

初次接触《文明》的玩家可能会先经历三个连续的阶段，而后才尝试批评这款信息负载量巨大的文化制品。第一阶段通常体现为一种悲观情绪的裂隙，这种情绪源于对《文明》（或一般意义上的电子游戏）无法被阐释的恐惧，游戏的不可阐释也使它在某种程度上超出了可批评的范畴。没错，游戏是关于算法的，但这与文化批评有何关联？或许电子游戏不具有（have）政治性？当我们尝试对迄今存在的、被赋魅的大众文化制品进行批评时，我们通常会产生这种感受——珍妮斯·拉德威（Janice Radway）和浪漫主义小说，迪克·赫伯迪格（Dick Hebdige）与亚文化朋克，或罗兰·巴特与脱衣舞表演。通常，文化中那些貌似幸免于政治的场域，往往最充盈政治性。第二阶段中，玩家使用游戏提供的线索对其进行意识形态批判，以将其与更为宏阔的社会进程相关联（这正是凯卢瓦对游戏内生的政治潜力的洞察，关乎对游戏的解构和机制批判。他在书的第一章中对游戏的探讨基本上无关政治。为了回应赫伊津哈，凯卢瓦写道："秘密、神秘、乔装打扮等因素或可运用到游戏之中，但游戏活动的开展显露了原本是神秘的东西，公开了原本是秘密的事情，因此是对神秘和秘密的消耗。总之，游戏改写了神秘属性。相反，如果秘密、面具、服装发挥的是圣事功用，那我们可以肯定地说，这必然不是游戏，而是一种制度。"[①]）凯蒂·萨伦和埃里克·齐默尔曼紧随布莱恩·萨顿-史密斯（Brian Sutton-Smith）对游玩的讨论，批判电子游戏的意识形态内容是对游戏的"文化修辞"（cultural rhetoric）。[②]就《文明》而言，它是我们探讨"国家的政治历史和政体权力带来信息社会之崛起"尤为恰切的对象。之后，

① Caillois, *Man, Play and Games*, 4. ——原注
本书此处采用了中译本，参见罗歇·凯卢瓦：《游戏与人》，余轶译，北京：北京联合出版公司，2023年，第4页至第5页。——译者注

② 参见Salen and Zimmerman, *Rules of Play*, 515-534；以及Brian Sutton-Smith, *The Ambiguity of Play*（Cambridge: Harvard University Press, 2001）。

我们可能会针对游戏建构广义的意识形态批判，聚焦于其鲜明的逻各斯中心主义（logocentrism）、民族主义、帝国主义和扩张主义逻辑，以及其隐含的种族主义和阶级主义。

正如中世纪学者将文本中的矛盾作为寓言存在的指示，《文明》中的许多矛盾都指向一种富有寓意的阐释方式。具体而言，游戏中糅合了不具有历史指涉的诸要素，比如在公元前 4000 年名为“伦敦”的城市建立市场经济；游戏也充分利用了历史的逻辑，比如科学知识积累或文化发展的自然规律。其中的矛盾还体现为“城市视图”中前景的等角视角与背景的传统视角的奇特融合。

游戏中的扩张逻辑同时体现在视觉和空间维度上。弗里德曼写道：“在游戏开始时，视野内的地图几乎是一片黑色，你无法了解给定范围之外的世界，直到你一格一格地对那块地域进行探索。随着你派出侦察队并逐步拓展帝国，城市景观才被一点一点地揭示。”[1] 游戏内部的这些惯例对扩张主义予以嘉奖，甚至在强制玩家遵循扩张主义。梅尔制作的《半人马座

① Friedman，“*Civilization* and Its Discontents.”

阿尔法星》(*Alpha Centauri*)模仿了这些符号惯例，但将玩家置于扩张主义的终极目标(外太空)中来提升阈值。此举有助于在游戏中消除扩张主义叙事的政治底色，因为人们普遍认为，在《半人马座阿尔法星》中杀死不具名的外星生命，比在《文明Ⅲ》中杀死祖鲁人更具合理性。历史上，扩张主义一直与种族主义紧密相关。比如，现代殖民主义时期的扩张主义有其自身的哲学逻辑，即认为欧洲的文化和宗教优于亚洲、非洲和美洲原住民文化。就这一点，我们还需提及梅尔的思想。梅尔在1994年通过游戏《殖民帝国》(*Colonization*)进一步发展了其扩张主义愿景。该游戏极可能具有政治底色，它使用了《文明》的软件引擎，并将游戏时间设定为发现“新世界”和发起美国革命之间。游戏对美洲原住民的刻画遵循了不甚光彩的刻板印象，这同时体现于原住民的屏幕形象和他们作为算法被赋予的人物特质与能力上。梅尔之后在《文明Ⅲ》中拓展了刻板印象，将游戏中的历史身份增加到16个，从阿兹特克人、巴比伦人到法国人和俄罗斯人。在游戏中，玩家了解到阿兹特克人崇尚“宗教”但并不“勤劳”。人物特定的政治身份及其特质同样影响着游戏中的各类算法。其中，罗马人的特质是

“军事型”，这一点让我惊讶（我认为“扩张型”更加贴切）。当然，这种武断的归类方式和我们对“黑人擅于运动”“女性情绪化”的判定几乎无二。游戏虽然避免直接冒犯特定群体，但这并不能否认，它将人类归于不同的类型，并对这些类型进行了标准的标签化处理。

比将某种特质和特定的种族或民族群体相等同更糟糕的是，这些意识形态模型在很多层面忽视了人类生活的复杂性、流动性和丰富程度。《文明Ⅲ》的算法忽视了历时的变化（沙俄与苏联），抹去了大量真实存在过的历史民族，如因纽特人、爱尔兰人等；它将文明与特定的国家/部落身份混为一谈，忽略了混血和散居的问题（如非裔美国人或犹太人）。简而言之，游戏将人类社会生活的丰富维度简单置换为关乎“文明”的僵化且简化的算法逻辑——这个过程与马克思主义者所称的物化并无差别，它是数字时代下对人的物化。究其原因（更实用主义的原因），游戏设计师为了平衡游玩过程，需要一系列在多种环境和角色中可被调节的变量。虽然我们不需要更多证据来证明该游戏的政治底色，但我可以指出，游戏同样是一出逻各斯中心主义的荒诞剧；它的建构基于我们对知识的寻求，将我们的思想分解成整齐有序的团块，将其一一排列于时间的分支，使玩家在游戏中获得的每“块”信息均为其他信息的先决条件。我对意识形态审查的探讨到此即止。

信息学批判

玩家历经的第三阶段和上述鲜明的政治分析同时发生，即详述以信息学为核心原则（构成了游玩形式的基础）的形式批判。我将从马诺维奇在《新媒体的语言》（*The Language of New Media*）中采用的原则谈起，如数值化呈现、模块化、自动化、多变性与转码性，但探讨这些原则无非在说明《文明》是一种新媒介。而认为《文明》是一种控制寓言则意味着，游戏扮演着现今信息控制的代码。那么，信息控制的核心原则为何？除了马诺维奇的思想，我还会分析数字技术的协议（protocols）。比如，互联网协议包括迄今发布的约三千份技术文件，概述了特定技术［如互联网协议（IP）或超文本标记语言（HTML）］的必要设计规范，这些文件被统称为“意见征求”（Request for Comments，RFCs）。“意见征求”的表述源于史蒂夫·克罗克（Steve Crocker）在1969年4月7日发出的一份名为“主机软件”（Host Software）的备忘录（被视为第一个RFC），表明了协议著作（protocol authorship）的协作和开放性（使人们联想起德勒兹的“高速公路”）。这些技术备忘录详细说明了当下在主机游戏（如Xbox）及其他类型的网络计算机上使用的主要标准和协议[①]，被称为“互联网的主要文献”[②]。

灵活性是信息控制的核心政治原则之一，德勒兹（在其“控制社会”理论中）和克罗克等计算机科学家都描述了这一点。该原则源于科学家保罗·巴兰（Paul Baran）对分布式网络的率先研究，这一研究将灵活性视为系统避免技术失误的策略。灵活性仍然是互联网协议设计的核心原则之一，最好的例证或许是IP的路由功能，它能够以临时但适应性强的方式通过

---

① 关于网络协议的技术概念，参见 Eric Hall，*Internet Core Protocols: The Definitive Guide*（Sebastopol，Calif.：O'Reilly，2000）；若想了解更具解释力的方法，请参阅我的著作*Protocol: How Control Exists after Decentralization*（Cambridge：MIT Press，2004）。

② Pete Loshin，*Big Book of FYI RFCs*（San Francisco：Morgan Kaufmann，2000），xiv.

网络传输信息。灵活性的观念同样是新型信息经济的核心，它推动了履行（fulfillment）、自定义以及“弹性积累”（flexible accumulation）等方面的创新。虽然它貌似具有解放性或乌托邦色彩，但千万别被骗了；灵活性是全球信息控制的基本原则，是控制社会的工具，其功能与规训无二。

《文明》以富有寓意的方式重新界定了灵活性，即通过各种滑块和参数来调节流（flow）并建构系统的平衡。游戏中的所有要素都被量化，动态地彼此相关。由此，游戏中对“文化胜利”和“征服胜利”的判定的区别，只是两种获胜算法之间的微小差异。游戏有能力基于操作者追求的结果进行相应的调节与补足。设计师会调整多个系数和公式［比如，令人愉悦的“治理者治理”（Governor governor）］以实现游玩过程的平衡。

灵活性指向的是普遍的标准化（信息控制的另一个关键原则）。如果不同的技术系统足够灵活（flexible），能够应对大规模的偶发事件/事故，就会生成一个更健全的系统，可以用更强连续性和普遍性荫蔽所有问题。互联网协议白皮书（The Internet protocol white papers）充分说明了这一点：“对自己发送的内容保持审慎，对他人发出的内容开放包容。”[①] 互联网的这一目标和信息控制密切相关。从这个意义上说，《文明》中宏大的“使之等价”——不同政府类型的等价（《文明》较早版本中有一个更便捷的下拉菜单选项，玩家可凭此开始一场革命）、不同胜利方式的等价、公民满意度与可用的奢侈资源的等价，诸如此类——是对当今创建信息网络的普遍标准化的一种寓言性重加工。在梅尔看来，游戏研究更像在生成游戏理论。

与我之前对意识形态的隐忧相比，现在的关键不在于《文明》的算法是否体现了“软”种族主义的意识形态，甚至不在于它是否体现了马诺维奇口中的新媒介的核心原则，而在于它是否体现了信息控制自身的逻辑。其他的模拟类游戏让玩家或是基于飞机的逻辑（如《微软模拟飞行》或梅尔在 20 世纪 80 年代的飞行游戏），或是基于汽车的逻辑［如《跑车浪漫旅》（*Gran Turismo*）］进行游戏，但梅尔已然通过《文明》，模拟了信息本身的全部逻辑。

① Jonathan Postel, “Transmission Control Protocol,” RFC 793（September 1981）, http://www.faqs.org/rfcs/rfc793.html（accessed April 15, 2005）.

但现在我们陷入了僵局。玩家越是在《文明》中践行寓言式的信息控制，我之前建构的关于意识形态的批评就越倾向于崩塌；我们越尝试对它进行意识形态批判，就越能发现这种尝试被迥异于意识形态的事物——信息代码——瓦解。因此，对意识形态的批判在生效的同时失效。与其说意识形态批判（为玩家）提供了更好的线索，不如说它（传统寓言）因自己对协议的批判［protocological critique，控制寓言（control allegory）］而失效。至少在电子游戏中，后者胜过前者。我们不妨再回到梅尔对种族和民族身份的建构：我们越是审视游戏对种族和民族身份的实际建构，就越是清楚“身份”在软件逻辑中完全是一种编码。身份是一个数据类型、一个数学变量。《文明》对身份的建构方式确实源于现实中的种族分类，但它进一步发展为信息学模式中的赛博分类：抓取（capture）、转码、数据分析、定量研究（在人物行为或外形上）、将属性键入特定数值变量等。这与马诺维奇的“选择的逻辑”或是中村莉莎（Lisa Nakamura）的“菜单导向的身份”（menu-driven identities）相似——只是马诺维奇对视觉界面提出的“挑选与选择”“窗口购物”逻辑专有一套独特的人类身份属性。对此，中村莉莎曾感慨：

“谁能，谁又想承认存在一种血统纯正且边界明晰的身份界定，它能由资本（corporation）制定的决策树充分表述？”[①] 因此，从《小妹生死门》（*Sissyfight*）到《魔兽世界》，玩家在游戏中对角色肤色参数的调节，并非对现实中的种族和身份参数的再建构（尽管它们是更宏阔的社会历史的直接延伸），而是对信息式组织主导参数的调节，反映它如何彻底改革、革新并再度将身份功能殖民化。在《文明》中，身份是模块化、工具化、类型化、数值化和算法的。游戏中的历史呈现是这种观念的另一佐证：人们越是认为《文明》是对某段历史的意识形态阐释（如新保守主义、守旧主义等），甚或认为它创造了一种计算机生成的“历史效应”，就越能察觉，《文明》指涉着历史整体的缺席，或更确切地说，它将历史转码为特定的数学模型。詹姆逊写道，历史使人受伤，历史是个体与他者在其物质现实中缓慢、磋商式的挣扎。即使计算机代码使用梅尔复杂的算法逻辑，其中对历史的建模也只能还原为抓取和转码的操作。因而《文明》中的“历史”与历史全然相悖，但这并非由于游戏对帝国视角的迷恋，

① Lisa Nakamura，*Cybertypes: Race, Ethnicity, and Identity on the Internet*（New York：Routledge，2002），114.

而是由于生活中鲜活的历时细节被抽象代码的同步和同质性取代。这是一种全新的恋物。[需明确说明的是，我的论点关乎信息控制，而非意识形态；借用霍华德·津恩（Howard Zinn）的术语，哪怕是具有政治进步性的“人类文明”（People’s Civilization）游戏，也会受到相似的批评。]因此，《文明》体现的是更近乎信息和水平的逻辑，而非意识形态和垂直的逻辑，这一点在所有电子游戏中都有或多或少的体现。

因此，这种现象并非《文明》所独有。另一个无法被简单归类的模拟游戏是《模拟人生》，但它没有将信息控制作为游戏的总体主题，而是反其道而行之，自下而上地呈现技术的庸常，揭示作为算法而存在的生活的缄默恐惧。我在上文间接引用了詹姆逊的思想，即传统寓言式阐释中的深度模型能对受众的特定感受予以升华。玩家在消费媒介时会产生特定体验，媒介自身在政治上同样具有潜在的解放的可能，玩家在二者的间隙中体验到一种疏离，深度模型即对这种疏离经验的升华。但电子游戏没有用这种使人不悦的迟滞（deferral）的模型，而是将游玩的行为与即刻的政治体验相统一，使水平的逻辑成为控制寓言的重要特质。换言之，《模拟人生》将自身对政治的批判融入了游玩过程本身，不需要批评家再对其进行解构。当代生活的贫乏、无趣、无用和无益在游戏中恰好经由最能将其再现的要素现身：中产阶级的郊区住宅、宜家的私人物品单、让人毫无胃口的食物、更让人提不起兴趣的音乐，大量相似的、无须动脑的任务循环往复——还有什么能比这款游戏更辛辣地批判当代生活？阿多诺在《美学理论》（*Aesthetic Theory*）的修订本中界定了“游玩”的特质，它们虽具有政治底色，但同时具有鲜明的揭示性，“可玩的（playful）形式无一例外是重复的形式”；“在艺术中，游玩（play）从一开始就具规训性”。[①]

第一人称射击游戏作为一种游戏类型，同样体现出对信息政治（info-politics）的寓言式阐释。玩家在游戏中向异己扫射，这是一个纯粹的解放式寓言。这个复杂的游戏类型其实并不复杂，没有什么比它更适合将未经雕琢的情动驱力进行编码和再加工。我想到了《虚幻竞技场》或《反恐精英》，它们是安德烈·布勒东（André Breton）所期望的、对纯粹超现实行动

① Theodor Adorno，*Aesthetic Theory*（Minneapolis：University of Minnesota Press，1998），317. 也可参见Stallabrass 的论文“Just Gaming”，一篇出色的游戏批评，其成稿无疑受到阿多诺对席勒和赫伊津哈的评论的启发。

的最终实现：渴望拿着手枪冲上街头，快速而盲目地射击任何与他所称的“卑鄙、堕落、愚化的系统”合谋的人。由此，同时作为类型和行动的射击游戏被紧密地统一起来。射击游戏不是活动的替代品，它*就是*（is）活动本身。[正如游戏不是信息学的替代物，它*就是*（is）信息学本身。] 用德勒兹和加塔利的概念来说，射击游戏带给玩家“平滑”的体验，它的组成部分尚未被分层或差异化，就像文本在一方面是文字，在另一方面是阅读或观看。在这个意义上，游玩的美学往往不存在任何深度再现（由于再现需要两部分，一为意义，二为将意义编码的物质形式）。由此，寓言在游玩过程中回归为单数。该词的冗余说明了一切：“信息学的文化逻辑。”正如我反复强调的，游玩的过程只发生于游戏真正被玩的时刻，游玩的动作*不可分割*（undivided），其意义和动作产生于同一个游戏的姿势。

假装（Pretending）的理论

本章最后的论点是对本书开篇观点的一次改写，即游戏让人*行动*（act）。事实上，游戏需要动作/行动；电子游戏就是动作。根据文学对寓言的定义，即“他者言说”（other-speak）[①]，我必须界定游戏中的寓言，即“他者行动”（other-act）。因此，我们对游戏动作的阐释是，对叙述“他者行动”的次级话语的创造。一个世纪前，莫里斯·布隆代尔在提出“协动”（coaction）或“他者行动”（another’s action）理论后，发明了“过敏”（allergy）概念。[②] 布隆代尔的概念隐喻多个个体的存在，但仍产生了有趣的影响，因为它关注平行发生的动作。在电子游戏中，协动意味着多人行动，它需要对这种多行动（multiact）进行寓言式阅读来增补自身。不论如何，对游戏动作的阐释是理解“做（do）某事”之意涵的过程。它是“似乎”（as if）的科学。对（文学）寓言的传统界定是“延伸的隐喻”，而对于游戏来说，其寓言就是“被执行（enacted）的隐喻”。实际上，由于该术语具有活跃的二元性，语句的轭式修饰法（zeugma）或双

① 弗莱彻为该术语给出了简明的词源解释：“寓言（allegory）源自allos+agoreuein（他者 + 公开演讲，在集会或市场演讲）。agoreuein指向公开、明显、宣告式的言论，但前缀allos 颠倒了原词意涵，因而寓言常被称为‘借此言彼’。”参见Angus Fletcher，*Allegory: The Theory of a Symbolic Mode*（Ithaca，N. Y.：Cornell University Press，1964），2。

② Maurice Blondel，*Action (1893)*，207.

关（syllepsis）更具感染力。我们在玩《文明》的同一时刻产生动作，但其中包含了不止一个重要动作。这就是寓言所必需的并行（parallelism）。并行的一部分指向实际的游玩，另一部分则指向与信息学的游戏。对于电子游戏，我们需要一个假装的理论（theory of pretending）并使用其最正向的指涉，即具有多重意涵的动作理论。

在此，我需再次引用贝特森的观点："（斗鸡在游戏中）俏皮的一口指涉着啄咬的动作，但它并不揭示啄咬的动作所指涉的东西。"[①] 所以控制寓言的作用不体现在结构层面（仅观看"咬"的动作而不做任何反馈），而是体现在方法层面（揭示"咬"所指涉的意义）。我之所以说它是在方法层面而非结构层面发挥作用，是因为它无法在此伪装自身（because there is no camouflage here）：可玩的电子游戏可能会向玩家"元传播"（metacommunicate）"这是游戏"，但它永远无法规避信息学控制。

在这个意义上，我建议游戏批评家不仅要阐释语言的符号（如文学研究或电影理论研究），还需对多价行为（polyvalent doing）进行阐释。这个领域在阐释学

① Bateson, "A Theory of Play and Fantasy," 180.

中一直充满吸引力（尽管不那么常用），我们须阐释物理的动作，而非仅仅停留在相对安全的文本分析范畴。

在互动媒介的时代，批评的范畴同样缩小了，从文本和读者（作为批评家）的双向关系，缩小为玩家（行动者）在游玩中产生动作的单向时刻。游戏作为文本（game-as-text）被完全归入玩家（gamer）的类别，因为他/她通过动作生成游戏文本。这解释了信息文化中倾向于产生控制寓言的原因。游戏中不再存在主要的作者（我的这种判断并非有意贬低游戏设计师与日俱增的作者性，绝非如此，单纯由于他们不再直接介入阐释的时刻——这是几十年来阐释学研究的常态）。

如表 2 所示，我对照了两种寓言模式，传统或深度寓言的黄金时期似乎在 20 世纪初至 20 世纪中期，尤其可见于电影媒介（借用詹姆逊的术语）中，而控制寓言则在新媒介（尤其是电子游戏）中发挥到极致。

表2

	深度寓言	控制寓言
象征媒介	电影	电子游戏
政治表达	阶级斗争	信息控制
阐释学	阅读	运行
并行	他者言说	他者行动

电子游戏是我们当代生活（生活在无缝的信息控制的协议网络中）的一则寓言。事实上，作为媒介的电子游戏看似越具解放性（用活动代替被动、用分支叙事代替线性叙事），越是将近几十年来全球范围内根本的社会转型悉数纳入信息学中。在现代性中，意识形态是一种权力工具，但在后现代性中，意识形态则是一个诱饵，我希望已经通过《文明》揭示了这一点。所以，对游戏的揭示也意味着一次重写（它是横向的重述，并非能带来实质变化的改写）。游戏对意识形态操纵的摆脱，意味着再次被操纵（只是受制于截然不同的算法指令）。

总之，随着作为文本的信息再加工（informatic reprocessing）的出现［不仅出现于席德·梅尔的游戏中，也出现于唱盘（turntablism）和网络艺术（net.art）等诸形式中］，寓言不再由多个文本组成，而是由多个被执行的文本组成。因而我们必须承认：写寓言意味着去行动。这意味着诺思洛普·弗莱的观点不再适用（写寓言意味着写评论）。如此，德勒兹才会说："哲学家创造，而非思考。"

第五章 反游戏

艺术家的游戏模组

由艺术家制作的电子游戏模组（mods）并不常见，因为它似乎与自身的存在彼此矛盾：当模组跃升至艺术领域，而非仅作为某种“粉都”（fandom）表达（如《反恐精英》对《半条命》的致敬）时，通常在这种情况下，游戏的规则会全部失效，它不再作为游戏。[①] “乔迪”的《无题游戏》（*Untitled Game*）遵循了这种矛盾逻辑，它抹消了《雷神之锤》全部可能的游玩方式，将游戏推向了抽象现代主义的极致。布罗迪·康登的《亚当杀手》（*Adam Killer*）使用了相似的方式，将流畅的游玩方式转变为一场血腥的视觉盛

① 近年来，游戏模组的展览一直在美术馆进行，参见“Cracking the Maze”（online, 1999）；“Game Show”at MASS MoCA（2002）；“Killer Instinct”at the New Museum of Contemporary Art in New York（2003）；以及“Games：Computergames by Artists” in Dortmund，Germany（2003）。

宴：红色血液大片铺染于亚当的白衣，猎枪弹壳在穿透空气时呼啸。所以，如果电子游戏的玩法构成了游戏的核心部分，人们缘何想用模组来取代，甚或取消游玩的体验？

什么是电子游戏的“模组”？它同样是一种电子游戏，但是经过了单个接受者或受众群体的修改、调整或颠覆。电子游戏主要有三种基本的修改方式：（1）在视觉设计层面，使用新的关卡地图、艺术作品和角色模型等；（2）在游戏规则层面，改变游玩方式的展开途径——输赢的判定方法、不同的游戏动作会产生何种后果；（3）或在软件技术层面，改变角色行为、游戏的物理效果、照明技术等。但正如我指出的，由艺术家制作的模组倾向于将电子游戏视为游戏技术（technologies），因此迄今为止，大多数艺术家制作的电子游戏模组是游戏技术的模组（不论是在视觉层面还是物理层面），而不是实际游玩方式的模组。凯蒂·萨伦清晰地阐明了这种情况：

> 很多由艺术家（如“乔迪”）制作的模组，与其说是游戏自身的模组，不如说是游戏引擎技术的模组。艺术家的志趣不在于调整游戏的玩法，而在

于颠覆其再现空间的功能。原本为玩家互动而设计的空间（通过互动才能产生意义的空间），被转变成仅供观看的空间，远非供人游玩的空间。[①]

换言之，由当代艺术家制作的游戏模组或是关注游戏的视觉设计（选项 1），或是调整其游戏引擎（选项 3），转变游戏玩法的模组（选项 2）则较为少见。事实上，大多数由艺术家制作的游戏模组通常忽略游玩的过程，甚或将其直接取消。

有的游戏模组（如《亚当杀手》）只改变了游戏的几个关键层面，使用了不同的游戏景观或某种视觉技巧。而有的模组［如琼·莱昂德尔（Joan Leandre/retroYou）的游戏*r/c*］则几乎完全颠覆了原本的游戏形式，改变了游戏关键的互动性及其视觉美学。［当游戏要素被大规模修改时，我们通常将其称为游戏的“转换”（conversion）或“完全转换”。］蒂尔曼·鲍姆加特尔（Tilman Baumgärtel）指出：“修改/颠覆计算机游戏的可能性（或制造‘模组’）促使（媒介艺术家）在原游戏的基础上创造自己的版本。在某些情况

① Katie Salen，personal correspondence，September 27，2004.

下，新的游戏模组会进一步丰富原游戏，对其本质逻辑进行提升或升华，而在其他情况下，新的游戏模组则明显与原游戏相对立。”[①] 事实上，艺术家制作的游戏模组往往与主流游戏行业对游戏产品的设想严重冲突，它们经常“精准”违背行业所期望的设计风格，目的是打破游玩过程近乎内生的流动性。

彼得·沃伦（Peter Wollen）曾对让-吕克·戈达尔（Jean-Luc Godard）和20世纪60年代的反电影（countercinema）做过类似的评价：“戈达尔舍弃叙事‘可传递性’（transitivity）的原因有很多，但或许最重要的是，他能通过中断绵延的叙事流打破其情感魔咒，从而迫使观众对其注意力进行全新的集中与调度。”[②] 艺术家制作的游戏模组呈现了相似类型的断裂。因此，很多人认为当下正在生发一种新型的前卫运动，即一种“反游戏”（countergaming）运动，它以“乔迪”、安妮-玛丽·施莱恩、布罗迪·康登、琼·莱昂德尔、科里·阿肯吉尔、汤姆·贝茨（Tom Betts）等艺术家的作品为核心。这场运动立于主流游戏之外

---

① Tilman Baumgärtel, “Games-Modifications by Artists,” *Nettime*, October 27, 2003.

② Peter Wollen, *Readings and Writings: Semiotic Counter-Strategies* (London: Verso, 1982), 80-81.

（乃至其对立面），因而激发了我的兴趣。

我想先探讨彼得·沃伦关于“反电影”的七个论点，它们为我们提供了一定的方向，去思考“对抗式文化生产”（oppositional cultural production）的形式语法。他将老电影（old cinema）的七个“价值”（“与”的左侧）和戈达尔的观点（“与”的右侧）相对立：

1. 叙事的可传递（Narrative Transitivity，事件的连续）与叙事的不可传递（Narrative Intransitivity，事件的间隔和中断，建构片段、离题的叙事）。

2. 认同（Identification，共情、对角色的情感投入）与疏离（Estrangement，直接介入，角色群像、角色的彼此独立，间离的评论）。

3. 弱化［Transparency，“语言想被忽视”——西尔茨玛（Siertsema）］与强调（Foregrounding，使电影/文本的机制明显可见）。[①]

4. 单一故事（Single Diegesis，统一的同质世界）与多线故事（Multiple Diegesis，异质世界，不同语码和频道之间的断裂）。

5. 封闭（Closure，自足的对象，在所在的范畴内

① 此处译者并未将这组概念直译为“透明”与“前置”，而是基于作者对装置和游戏关系的探讨，意译为“弱化”与“强调”。——译者注

自洽）与缝隙（Aperture，开放结局、溢出和互文——影射、引用和戏仿）。

6. 愉悦（Pleasure，娱乐，旨在满足观众）与不满（Unpleasure，挑衅，旨在使观众不满并因此改变观众）。

7. 虚构（Fiction，演员通过化妆进行扮演）与现实（Reality，现实生活、再现的瓦解、真相）。①

上述七点在古典好莱坞电影形式和艺术电影中更具实验性的技术之间，画下一条分界线。因此，戈达尔在《周末》（*Weekend*）中让情侣赶往乡村，只是为了让他们受阻于一场极漫长的交通堵塞（通过一个难以忍受的长镜头呈现）。如果应用彼得·沃伦的理论框架，他正在尝试使观众“不满”，并践行“叙事的不可传递”。或者，意大利导演卢基诺·维斯康蒂（Luchino Visconti）在《大地在波动》（*La terra trema*）中选择非专业演员饰演渔夫，他直接抓取“现实”并瓦解“再现”，没有选择《苏利文的旅行》等好莱坞电影青睐的“虚构”现实主义（尽管二者都在某种程度上再现了穷人生活的艰辛）。或者，在像《罗拉快跑》（*Run*

---

① Peter Wollen，*Readings and Writings: Semiotic Counter-Strategies*（London：Verso，1982），80-89.

Lola Run）或《时间代码》等独立电影中，导演通过糅合并叠加不同的时空维度，践行着反电影的“多线叙事”，这在主流剧情片中颇为罕见。反电影的迷人之处不仅在于它能发掘其他可行的叙事策略，还在于能对其加以积极的使用和探索。当然，经典电影时常借鉴反电影的创作方式，所以问题的关键在于，在电影创作时忠于特定的技术手段，而不只是沉浸于技术之中。沃伦在戈达尔作品中察觉的魅力正是其作品所揭示的电影形式实验的平行宇宙，其语码既与主流电影割席，又对其进行增补，这同样可见于今天的电子游戏。

我在本章的开篇就已强调，艺术家制作的电子游戏模组会削弱自身，使它几乎不再作为游戏。当然，这种判断并不完全正确，因为反游戏和游戏行业之间、游戏模组及其源头之间仍存在着重要关联。虽然沃伦描述的反电影运动在很大程度上存在于好莱坞商业体制之外，但游戏模组由商业部门推广，这正是布罗迪·康登所说的“行业认可的黑客行为”（industry-sanctioned hacking）。鉴于其他行业（如音乐和电影）对这类行为的谴责，游戏行业对黑客的宽容显得十分重要。对此，安妮-玛丽·施莱恩指出，游戏行业（如电脑端游戏）一贯经由其消费者来推广黑客攻击、补丁和游戏模组：

> 1994年，在《毁灭战士》（3D联网隧道射击游戏）商业发行一年后，Id Software发布了游戏的源代码。《毁灭战士》的忠实玩家基于源代码创建了编辑器，用于自定义该游戏的关卡或所谓的“wads”①。1996年，Bungie公司将“马拉松”（Marathon）系列游戏和编辑软件（如Forge和Anvil）相捆绑。这类编辑软件通常被用于制作游戏地图、（为画面）添加新质感、加入角色（精灵/怪物）动画、编辑声音和游戏中的其他物理属性。②

今天，游戏通常与编辑软件及其他模组一起发行，修改游戏几乎和玩游戏一样自然。电子游戏确实在将自身的修改权让渡给游戏模组，这在其他媒介（如电影或文学）中前所未见，主要是由于游戏的核心引擎与游戏的设计和叙事截然分立。单个游戏引擎也可以同时驱动多个游戏。游戏引擎是抽象的核心技

① “Where’s All the Data”的简称。——译者注

② Anne-Marie Schleiner，“Parasitic Interventions：Game Patches and Hacker Art，” http://www.opensorcery.net/patchnew.html（accessed April 15，2005）.

术，尽管它能通过其能力和特质（第一章中故事外机器动作的“机器式具身”）向游戏施加其个性，但无关游戏内部的游玩方式。电子游戏和其他的数字产物一样，只是一个庞大的变量集群，随时准备被改变或修改。游戏的视觉设计和游玩方式都只是游戏组成的变量，游戏行业已然察觉这是游戏的关键特质。事实上，游戏行业（对黑客行为）的慷慨于自身有益。在游戏《半条命》公布其源代码后，一批热情的粉丝基于代码创造了多人游戏模组《反恐精英》。《反恐精英》获得了空前成功，以至最初公布《半条命》源代码的维尔福公司（Valve）将其代码授权商用，游戏也因而很快获得了商业成功。本质上，维尔福公司是将该游戏的开发托付给其庞大的粉丝群体。

维尔福公司的成功在于培养了创造游戏模组的粉丝群体。游戏同样为模组的制造者创造了收益，因为他们需要基于既有的商业游戏、游戏引擎和硬件进行创作。很少有新媒介艺术家会从头开始制造一个游戏引擎，甚至不太可能建构自己的计算机。因此，我们不应聚焦于物理硬件，而应关注模组艺术家和游戏行业之间的共生关系，这在此前的前卫运动中并未出现。实际上，如果我们列举艺术家制作的游戏模组，会发现其在观感上近乎一张商业游戏引擎的“洗衣单”（laundry list）：*SOD*（《德军总部 3D》）、《无题游戏》（《雷神之锤》）、《亚当杀手》（《半条命》）、*QQQ*（《雷神之锤》）、《911 幸存者》（《虚幻》）、《生物技术厨房》[*Bio-tek Kitchen*,《马拉松无限》（*Marathon Infinity*）] 等。当然，也有媒介艺术家会创建自己的游戏系统，如艺术家保罗·约翰逊（Paul Johnson），他同样亲自制作了硬件系统，或是用黑客攻击存储器和经典的游戏模组。科里·阿肯吉尔等艺术家会从头开始编码所有软件，几乎不基于任何现有的商业游戏。尽管如此，模组艺术家在技术层面和游戏行业联系密切。

在此基础上，我想进一步探讨游戏的形式诗学（在一定程度上借鉴于游戏行业）和艺术家游戏模组中使用的形式惯例之间的差异。“游戏的形式诗学”（formal poetics of gaming）指玩家所经历的整个游戏系统，包括游戏行业广泛应用的设计技巧和审美方式,《玩的规则》（*Rules of Play*）[1] 等著述同样详细探讨了这个内容。诚然，任何两款商业游戏都可能存在明显差异 [比如《雷兹》（*Rez*）和《极限滑雪》（*SSX*），

---

① 参见Salen and Zimmerman，*Rules of Play*，一本关于游戏设计的珍贵著述。

或《烈文》(*Riven*)和《马力欧赛车》(*Mario Kart*)],而商业游戏和游戏模组的差异可能就像《古墓丽影》(*Tomb Raider*)和《古墓裸影》[①](*Nude Raider*)一样浮于表面。因此,我虽然将审美粗略地分为"商业"与"前卫"两类,但它本身无法被简单划归至独立的门类。尽管如此,请暂且容许我做此分类,以便于我们在庞杂的游戏库中探索两类游戏的形式差异,即大量由游戏行业炮制的商业游戏和数量上较少的、由艺术家制造的游戏模组。

形式的语法

弱化与强调

彼得·沃伦的原则尤其适合阐释前卫电子游戏。在电影中,这一原则指涉电影创作的装置,以及对电影装置的弱化与强调。电影或是为了弱化(transparent)其装置,将麦克风、灯光、胶片、导演和工作人员等要素排除于影像之外;或是为了强调(foregrounding)其装置,使之呈现于影像之中。好莱

① 对《古墓丽影》游戏的修改,使劳拉以裸体形象出现。——译者注

坞电影工业近乎普遍地将装置从影像中移除，而艺术或前卫电影则敢于在其视觉实验中呈现装置。电子游戏媒介同样存在此类划分：主流商业游戏几乎从不揭示其装置内核，而艺术家制作的游戏模组则与之相反。由于电子游戏的技术装置与电影大不相同，二者对装置之地位和质性的强调方式也不同。游戏能通过影像或代码强调其装置。

欧洲二人组“乔迪”（成员名Joan和Dirk的组合）大抵是当代计算机艺术中的“戈达尔”。我在前文提到了“乔迪”的作品，但还未详述其特点。“乔迪”的作品对游戏的形式进行了鲜明的实验，游戏的激进主义特质使其在当下的地位与戈达尔在20世纪60年代的电影颇为相似（尽管未体现后者在政治上的激进）[①]。这些游戏是对“强调”的反游戏技术的典型体

① 虽然“乔迪”的作品无关政治，但艺术家确实用政治内容表现其对商业或主流的厌恶，如约瑟芬·博斯玛（Josephine Bosma）重述的加州事件：“当‘乔迪’在1999年获艺术类‘韦伯奖’（互联网领域的奥斯卡奖）时，他们的行为进一步巩固了其在业界的坏名声。颁奖典礼在旧金山举行，根据规定，每位获奖者需发表五个单词以内的获奖感言，‘乔迪’向观众（主要由‘新经济’的支持者组成）如此谩骂：‘丑恶的商业白痴。’”参见Bosma，“Jodi and the Cargo Cult,” in the exhibition catalog *INSTALL. EXE-JODI*（Basel：Christoph Merian Verlag，2002），95。

现。“乔迪”对待游戏的方式和丹·桑丁（Dan Sandin）对录像艺术或雷蒙·格诺（Raymond Queneau）对文字的方式相同——他们在媒介的最本质维度上不逊地对其进行操纵。“INSTALL. EXE”是“乔迪”在美国的首个展览，其中的关键作品是*% My Desktop*。这是一个大型的四频道投影装置，其创作构想十分简单：无序地打乱电脑桌面的图标，使它们在观感上变得有趣。杂乱的电脑桌面作为媒介，（使观者）产生了一种半拒斥的厌恶和半入迷的欣喜。弗洛里安·克拉默（Florian Cramer）称这个作品为“对难测的软件执行效果的模拟”。[①]“乔迪”对多个媒介进行探索，其作品横跨多种媒介形式，尤其是互联网作品，他们同样创造了一系列电脑端游戏。“乔迪”1999年的作品*SOD*已经为现今的艺术家游戏模组设立了标准。从那时起，他们继续创作游戏，制作了颇有复古风格的*JET SET WILLY Variations @ 1984*和超现代风格的《无题游戏》。“乔迪”的作品《无题游戏》同时通过视觉材料和代码突出了游戏装置。该游戏会频繁地崩溃为纯数据，屏幕上流动着实时的代码，几乎没有（或根本没

① Florian Cramer, “Discordia Concors: www.jodi.org,” in *INSTALL. EXE-JODI*, 71.

有）再现影像（参见“A-X”、“M-W”和“V-Y”部分）。这是对游戏源代码装置的强调。由于代码偶尔会被忽略，因而该游戏是纯然通过万花筒式的影像交互强调其影像装置的。

r/c 或*QQQ*等游戏模组对故障效果的强调同样基于影像本身。有些游戏会同时使用代码和影像来强调装置，如武克·科西克（Vuk Cosic）的《不真实的ASCⅡ》（*ASCII Unreal*），既提升了纯粹代码的地位，又将代码投影至三维的视觉环境；又或朗尼·弗里金格（Lonnie Flickinger）在《铅笔射击》（*Pencil Whipped*）中，通过低分辨率的卡通美学，强调了对角色模型、关卡、声音等装置的构建。

游玩过程与唯美主义

优先强调而非弱化装置的原则与反游戏的另一个原则并行，即游戏美学凌驾于游玩过程。当然，它不是反游戏的必要特质，但既有的游戏作品正无限向这种创作倾向趋近。传统的游戏形式依赖这种原则：基于游戏的一致性规则来有意地创造互动，其中，游戏的叙事和形式无缝贴合。然而，反游戏通常不存在互动叙事，也几乎不存在游玩体验或游戏规则。在这个意义上，这类游戏用美学取代了游玩的过程，几乎是一种“意指的游戏”（play of signification）。这种转向就像从凯卢瓦到德里达的转向（我在第一章做过探讨），不存在游玩过程通常意味着明确叙事的缺席。《亚当杀手》、《超级马力欧云》（*Super Mario Clouds*，科里·阿肯吉尔制作）等游戏模组，以及“乔迪”的大部分作品都遵循这种创作趋势——皮特·舒尔茨（Pit Schultz）称之为“技术故障的美化”（aestheticizing the technical error）①。上述的所有作品都模糊了传统游戏中的游玩体验，游戏引擎仍然存在于这类游戏中（尽管通常被严重地剥离或解构），但它被重新用于前卫运动几十年来一贯追求的现代主义的形式实验。对非预期叙事（unintended narratives）的较罕见使用方式体现在《丝绒攻击》（*Velvet Strike*，由安妮-玛丽·施莱恩、布洛迪·康登和琼·莱昂德尔创作）中，或者可见于康登游戏中名为《膜拜》（*Worship*）的表演。虽然这些作品从技术上看并非游戏模组，但它们仍通过在游戏内创造非预期的场景和叙事，向传统的游戏形式发出攻击。用沃伦的术语来说，这类游戏创造了“疏离”和“不满”的前提。其他电脑生成的

① Pit Schultz, “Jodi as Software Culture,” in *INSTALL. EXE-JODI*, 84.

影像形式也是如此，如“鸡牙工作室”（Rooster Teeth Productions）制作的电视节目《红蓝大作战》（*Red vs. Blue*）、吉姆·门罗（Jim Munroe）的《我的自由城之旅》（*My Trip to Liberty City*）或艾多·史坦的《Sheik 攻击》（*Sheik Attack*），艺术家完全抹除了游戏的游玩过程，代之以非互动视频的机械编排（rote choreography）。这些案例都体现了反游戏如何使美学实验凌驾于互动的游玩体验之上。今天，这种创作方式似乎不会对前卫游戏造成任何影响，它只是将（操作者）的注意力拆分，使其集中在部分关键范畴，同时忽视其他领域。具体而言，艺术家制造的游戏模组最常对三个美学领域进行修改，即空间、视觉和角色的物理体貌（physics），较少会触及游玩过程本身的流动性。

再现式建模与视觉人造物

传统的游戏形式基于再现式建模（representational modeling）的视觉原则。这意味着场景的空间（不论是虚构还是真实）被人为构建，使它近似于对真实形式的再形构。遵循这种设计原则的游戏往往在视觉再现上十分精确：尽管游戏中的对象可能是全然虚构的，在现实世界中不存在对应的参照物，但它们必须始终表现出连续性，即它们在游戏中的再现需要与玩家实际的游玩体验存在真切的联系。图像引擎中的故障打破了再现式建模所营造的幻觉，艾多·史坦将此类故障称为“人造物”（artifacts）：

> 我从计算机科学中借用了“人造物”的术语，用于指代不被期望的表面干扰（cosmetic disturbances），比如影像中的锯齿状边缘或脏斑（在压缩数字视频或jpeg图像中很常见），声音的过噪或嘶嘶声，或文本中不知何时会出现的ASCⅡ编码。“人造物”与故障（bug）不同，它通常由错误的编码触发；“人造物”本身不妨碍游戏的正常运行，但会在美学维度上制造干扰。[1]

游戏中的视觉“人造物”往往会削弱再现式建模的效果，后者倾向于消除图像中所有的问题像素，而前者则强调游戏图像引擎中可能出现的错位的纹理、破碎的照明效果和其他错误。此类探索与前文提到的“强调”概念相似，但视觉“人造物”对技术的强调则微妙得多。“人造物”本身不一定能被玩家察觉，

① Stern，“A Touch of Medieval.”

但以代码为形式来强调游戏的装置确实会使人惊诧。比如，“乔迪”的*SOD*或《无题游戏》（尤其是“Ctrl-9”、“Ctrl-F6”、“Ctrl-Space”、“O-O”、“Slipgate”和“V-Y”部分）之所以会出现欧普艺术（op art）的视觉效果，是由于其游戏图像引擎缺乏反锯齿（anti-aliasing）技术和72dpi的基本分辨率，但屏幕上流动的代码（“A-X”、“M-W”和“V-Y”）在有意强调游戏软件的实时数据。因此，尽管再现式建模和“人造物”使用的技术不同，但二者得到的效果相似。

自然物理与发明物理

传统游戏遵循牛顿的物理定律，即使游戏中的物理定律被打断或破坏，对象的物理属性和行为也通常在某种合理的逻辑范畴内。因此，尽管“子弹时间”效果在《江湖本色》、《黑客帝国：进入矩阵》或《托尼·霍克地下滑板2》（*Tony Hawk's Underground 2*）以及其他很多游戏中打破了牛顿定律，但其自身仍遵循某种连续的材料物理学观念。“子弹时间”只是延缓了运动的速度，以仍可理解的方式悬置角色对象。《无题游戏》（尤其是“E1M1AP”、“I-N”和“Q-L”部分）引入了一套反直觉的物理定律，其中的空间被无故扭曲或旋转。游戏中的物理定律是不可预测或无法理解的，它们完全是被发明的。

当前的探索同样适用于视觉的物理学。艺术家制作的游戏模组如*r/c*、《亚当杀手》或*QQQ*中呈现的故障效果被称为“尾置”（trailing）或“镜厅”（hall of mirrors），指的是当角色在场景中移动时，背景图像未能及时刷新而产生的影像叠加效果，在观感上近乎一片“污渍”，这种效果本质上是一种被发明的视觉的物理。在这种新型光学中，视觉图像以人眼陌生的方式形成视觉暂留并消失。它们根据艺术家制定的规则（而非生理学规则）在屏幕上游荡并混合。更重要的是，它们明确违背了游戏对光学的常规设计，并未尽力模拟人类视觉的生理学。

互动性与非对应性

传统游戏强调操作者（通过控制器操作）与游戏动作之间精确的对应关系，如跳跃键使游戏中的角色跳跃，右键使角色向右运动等。这种玩家—游戏的关系对于构建叙事空间和在游玩过程中创造互动感至关重要，玩家必须使用手柄/键盘制造变化，并将其即刻反映在游戏中。然而，再次以“乔迪”的《无题游戏》为例，在艺术家制作的游戏模组中，键盘和鼠标通常无法对游戏的物理空间产生影响，这使玩家对传统游戏中对应关系的缺席感到困惑。安妮-玛丽·施莱恩回顾了她观看作品的体会：

> “乔迪”和《雷神之锤》的设计者Id Software不同，他们在系统中探寻美妙的漏洞（bugs），制造本不应发生的故障，扭转游戏，甚至摧毁它。我在E1M1AP模组中按下空格键，试图让角色跳跃，但游戏世界开始不可控制地旋转。在G-R模组中，空格键使屏幕不断刷新高饱和度的三原色（根本没有导航）。Ctrl-9和Ctrl-Space本应在页面弹出导航或使角色环顾四周，但在屏幕触发了持续波动的黑白线纹……在E1M1AP模组中，当我按下空格键尝试使角色跳跃时，我翻进了绵长的、令人迷惑的旋涡。游戏给我的反馈远超过我输入的指令。程序本身跃升为游戏中的表演者，我不再是具有掌控权的玩家“上帝”——我必须将自己的行动权让渡于代码。[①]

因此，虽然玩家在主流游戏中的“输入”会随即

① Anne-Marie Schleiner, “2 Reviews—*Untitled Game* and *Ego Image Shooter*,” *Rhizome*, March 12, 2002.

获得游戏引擎的瞬间反馈，但在反游戏中可能并不存在上述的对应关系。恰恰相反，玩家在这类游戏中发出的指令可能被完全忽视，或是获得难以预测的阐释方式。皮特·舒尔茨认为："系统崩溃的时刻是玩家再也无法检验他/她工作效果的时刻，是玩家丧失控制而系统获得其物质性的时刻，这些细微的时刻全部被'乔迪'所捕捉并检验。"[①] 这正是我在第一章"故事外的机器行动"部分提及"乔迪"的原因。许多艺术家制作的游戏模组完全取消了互动，在这种情况下，与其说玩家在玩游戏，不如说他/她正观看游戏在演示模式中游玩自身。《超级马力欧云》和艾多·史坦的《帕拉丁堡垒：美国军队》（*Fort Paladin: America's Army*）就取消了游戏的互动性，后者通过机器自动化的游玩方式全然抹消了互动的可能。比起游戏，它更像雕塑。

激进行动

但是，沃伦的某些理论不太适用于反游戏。乍看之下，他提出"虚构与现实"的对立关系似乎并无不

① Schultz, "Jodi as Software Culture," 83-84.

妥。英国艺术群体蒙格勒（Mongrel）制造了游戏模组《黑人的政治抵抗》（*BlackLash*）[①]，让黑人角色对抗昆虫纳粹分子和三K党。《黑人的政治抵抗》同时囊括了游玩过程和社会评论，以游戏为形式呈现了一出政治激进主义戏剧。蒙格勒在谈及这个模组时强调，“这是你的机会，打击混蛋、消灭权力，将他们一掌扇入下个千年”[②]。很多游戏模组和游戏改编同样着眼于社会现实，如约翰·克利马（John Klima）的《伟大的游戏》（*The Great Game*）、娜塔莉·布克钦（Natalie Bookchin）的*AgoraXchange*、“Josh On/Futurefarmers”的《反战争游戏》（*Antiwargame*）、在澳大利亚伍默拉拘留营上演的《逃离伍默拉》（*Escape from Woomera*）、搬演了2001年世界贸易中心袭击的《911幸存者》和C-level的《尾声：德州韦科的复活》（*Endgames: Waco Resurrection*）。上述都是艺术家制作的游戏模组，它们全然拒斥了虚构叙事对现实生活场景的青睐（可以说，它们自身不是游戏模组，而是全新的游戏）。然而，自拉尔夫·贝尔（Ralph Baer）在20世纪70年

① 基于游戏《电脑攻击》（*MacAttack*）制作的游戏模组，模组名称是对“backlash”（政治抵抗）的改写，用黑人的角色身份完成语义的双关。——译者注

② 参见http://www.mongrel.org.uk/Natural/BlackLash（accessed April 15, 2005）。

代初制作的网球、曲棍球和滑雪类游戏以来，商业游戏的主要特色一直是对真实生活的模拟。

如今，如《跑车浪漫旅》、《大逃亡》或《真实犯罪》等游戏基于高度真实的世界地图建构，因而此类游戏对现实的使用与戈达尔对现实的使用不同，前者没有对政治现实的指涉（我已在第三章探讨了这个维度）。自戈达尔进入全盛时期以来，“现实”在电影和电视中的主导地位已然转变，随着《幸存者》（*Survivor*）等真人秀节目或《女巫布莱尔》等（伪）纪录片跻身主流。因此。“虚构与现实”的分类或许对游戏（或电影）并不适用。同样，沃伦对“叙事的可传递与不可传递”的界定似乎同样不适用于电子游戏，因大多数游戏的叙事结构必然向玩家敞开。

《托尼·霍克职业滑板》、《侠盗猎车手》（*Grand Theft Auto*）或《网络创世纪》（*Ultima Online*）等主流游戏的成功，在一定程度上仰赖其宏大无阻的叙事空间。事实上，“游戏”的概念本身就预先排除了任何严格的线性逻辑，即“事件的连续发生”。游戏依赖重复、倒叙、回溯、插曲式的片段结构、在主线故事外进入支线游戏的“离题”以及其他的非线性叙事技巧。最后，我们也不得不舍弃沃伦对“单一与多线故事”的二元分类。游戏将叙事的概念显著地复杂化。正如我在第一章提出，游戏中的“故事外”通常与“故事中”处于同等地位，但在经典叙事电影中则不然。因此，游戏持续“在不同的代码和渠道之间发生断裂”（使用沃伦的术语），平滑地从（通常）位于故事外部的平视显示器（HUD）转化为故事世界的武器，或从配置菜单无缝转变为游玩体验。

以下是传统电子游戏和反游戏之间的形式差异：

1. 弱化（从影像中消隐游戏装置）与强调（纯粹与图像装置或非再现图像的代码互动）。

2. 游玩过程（基于一致性原则的、以叙事为本质的游玩体验）与唯美主义（现代主义的形式实验）。

3. 再现式建模（对象的模拟建模）与视觉人造物（图像引擎的故障或其他不可预测的效果）。

4. 自然物理（牛顿运动定律、光线追踪、碰撞等）与被发明的物理（不连贯的物理定律与关系）。

5. 互动性（玩家通过手柄/键盘的操作与游玩体验的即时、可预见的关联）与非对应性（玩家操作与游玩体验的断裂）。

通过这个列表，大家或许认为现今游戏中不存在真正的前卫运动。换言之，反游戏在视觉形式上具有进步的底色，但在动作形式上却是保守的。它致力于阻碍而非推进游玩过程，使游戏本身黯然失色，并将其改写为缺乏游戏设计原有优势的简陋动画。这正是“乔迪”的作品具有政治性，而戈达尔的作品具有超政治性的原因：前者旨在创造更好的“抽象”（形式），而非更好（或不同）的游玩方式。我们需要前卫的电子游戏，不仅是视觉形式的前卫，还是动作形式的。我们要激进的游玩方式，而不仅是激进的图形。所以反游戏还有一个重要原则，我希望它能进一步发掘艺术游戏尚未实现的潜能：

6. 游戏动作（传统的游戏诗学）与激进动作（其他形式的游戏模式）。

我所称的激进动作（radical action）是指对游玩方式本身的批判。至少对现在的电子游戏而言，并非视觉图像使它变得特别，但那些致力于颠覆游戏中视觉组件的模组都未能发现这一点。艺术家应该为游戏创造新的动作语法，而不仅是视觉语法。他们应创造另一种可行的算法，应重新发明一种流动的、“建筑式”的游玩过程，重新锚定游戏在世界中的位置，而不仅是游戏中的地图和角色。露丝·卡特洛（Ruth Catlow）的《激活：三人国际象棋》（*Activate: 3 Player Chess*）

做到了这一点，Etoy的《玩具战》做到了这一点，富勒“世界游戏”所奉行的“每个人都必须赢”的哲学同样指明了（游戏的）方向——我们发现这些作品几乎没有呈现上文总结的“反游戏”原则，这颇让人深思。除此之外的案例寥寥。

因而反游戏是一个未竟的项目，游戏中的独立运动尚未成熟，对此我并不奇怪，因为电影在其产生的几十年后才发生类似的变革。但当它确实产生时，它将创造一种全新的游戏语言，激进而新颖。这类新型语言将扭转反游戏运动，就像戈达尔之于电影，德勒兹之于哲学，或杜尚之于艺术品。更重要的是，由艺术家制作的游戏模组能化解游戏迄今为止面对的基本矛盾：它致力于将游玩过程从自身抹消，完全回返至其他媒体（动画、录像与绘画）。这将是反游戏作为（as）游玩过程的自我实现，正如戈达尔是反电影作为（as）电影的实现。新浪潮曾是新兴的运动，新媒介也曾指向新颖，但戈达尔在拍了半打他最好的电影之后，在1965年做了如此表达：“我满怀乐观地等待电影的终结。”反游戏运动也应抱持相似的期冀，重新界定游戏/游玩（play）本身，从而真正实现其潜在的政治和文化前卫性。

译后记

本书的翻译工作横跨了两个季节。当我的日常缠结于“青椒”（青年教师）所历经的种种学术任务和压力时，加洛韦的思想似乎让我窥见能抵抗技术内卷的些微光亮，给了我可以暂离功绩社会的逃逸线。

亚历山大·R. 加洛韦现任纽约大学教授，是近 20 年在数字媒介理论和游戏研究领域最富有原创性和影响力的学者之一。我在读书期间会不时接触他的思想，因而非常荣幸能有机会翻译他的著作。翻译期间，我和加洛韦教授通过邮件交流，多次就本书部分概念的语境和意指进行探讨，也因此对他的理论思想有了更深入的了解，深感此书之于当下人文领域乃至社会文化的重要性。

在人工智能和“算法热”对人文学科的技术殖民中，加洛韦立于算法技术与人文领域的交界，借由不同的思想资源直面使人文学者集体陷入迷茫或语塞的征候式现象。加洛韦的技术文化批判谱系始于2004年，以《协议：控制在去中心化后如何存在》（*Protocol: How Control Exists After Decentralization*）的出版为标识。他在其中颇具创见地重新分析了作为技术核心的“协议”（protocol）概念，聚焦其生产及被忽略的文化影响。2006年，加洛韦的《游戏中的算法文化》（*Gaming: Essays on Algorithmic Culture*）一经出版就成为电子游戏理论研究的经典文本，被学界不断参考、援引或推演。加洛韦在本书延续其一贯的批判路径，进一步揭示了游戏不易被察觉的“算法”底色，即游戏通过规则与代码建构并规训玩家行为。他对电子游戏技术底色的揭示，一方面为我们理解算法文化提供了重要切口，另一方面也使作为玩家的我们对代码控制及其内生的意识形态逻辑保持警醒。

本书中，他对技术文化的批判体现为对游戏的历史化和“反游戏”（countergaming）理论的建立。“反游戏”概念不仅填补了电子游戏研究自建立以来批判理论的空缺，也成为理论界对20世纪70年代“黑客文化”的某种延续。书中，加洛韦结合多位艺术家创作的游戏模组，揭示了“反游戏”运动作为一种独特的文化现象和艺术实践的实质，旨在通过对游戏规则的重组与颠覆、对游戏装置与游玩体验的倒置，削弱甚或消解主流电子游戏的叙事和娱乐性。当然，“反游戏”不仅是本书的核心观念，同样位居其理论谱系的关键节点，为其之后的技术批判实践提供思想资源。

就翻译过程来说，由于本书内容横跨计算机、技术哲学和电子游戏等多个范畴，对它的转译并不容易，这尤其体现在对多义概念译法的敲定上。比如，“diegetic”现存多种可行的译法（如“叙境”），但为了能使读者更易理解，本书使用“故事中”和“故事外”来指涉“diegetic”和“nondiegetic”。同样，“POV shot”“subjective shot”都可被译为主观镜头，但为了呼应加洛韦对这组概念的区分，本书分别使用“视点镜头”和“主观镜头”指涉二者。尽管译者在反复推敲后确定了常见概念的译法，也难免会因跨语境的转译、翻译流程的规范和所涉内容的驳杂出现翻译的漏误和不通顺，在此敬请读者朋友多加包涵。

最后，感谢加洛韦教授在百忙中与我沟通交流，他的细致和谦和给了我很大勇气。希望本书的译介能使读者对加洛韦的技术文化批判产生更深切的体悟。

王　杉

2025 年 3 月于南开大学

图书在版编目（CIP）数据

游戏中的算法文化 /（美）亚历山大 · R.加洛韦著；
王杉译. --北京：中国国际广播出版社，2025.4.
（游戏文化经典译丛）. -- ISBN 978-7-5078-5757-3
Ⅰ. TP317.6
中国国家版本馆CIP数据核字第2025N4P587号

著作权合同登记号 01-2024-3350

游戏中的算法文化

著　　者　［美］亚历山大 · R.加洛韦
译　　者　王　杉
责任编辑　乌誉菡
校　　对　张　娜
版式设计　邢秀娟
装帧设计　周伟伟

出版发行　中国国际广播出版社有限公司［010-89508207（传真）］
社　　址　北京市丰台区榴乡路88号石榴中心1号楼2001
　　　　　邮编：100079
印　　刷　北京启航东方印刷有限公司

开　　本　889×1194　1/32
字　　数　110千字
印　　张　6.5
版　　次　2025年4月　北京第一版
印　　次　2025年4月　第一次印刷
定　　价　48.00元